白い大陸への挑戦

日本南極観測隊の60年

神沼克伊
KAMINUMA Katsutada

現代書館

まえがき

日本が南極観測を決意し、一九五五年九月にベルギーのブリュッセルで開催された国際学術連合会議の国際地球観測年特別委員会で、観測への参加を表明してから、二〇一五年で六十年になった。同年十一月に出発する第五十七次日本南極地域観測隊は、越冬中の二〇一七年一月二十九日には昭和基地でその還暦を祝うことになる。

南極南極大陸は二〇世紀前半まで厚いベールに覆われた未知の大陸、探検の世界だった。一九五七〜五八年の国際地球観測年で南極大陸に科学のメスが入れられ、次第にその姿が明らかになってきた。日本が南極観測への参加を表明したとき第二次世界大戦の敗戦から十年が経過していた。主食の米も輸入する時代だったにもかかわらず、非白人国としてはただ一ヵ国、南極観測に参加した。南極観測の成功は、平和の環境下で成し遂げられたことを実感した科学者たちの熱望により、外交官たちが動き、南極条約が締結された。

日本は一九五七年一月二十九日、南極大陸のリュツォ・ホルム湾沿岸に昭和基地を開設した。日本の南極観測隊は臨時体制から恒久体制に替わるときの四年間の中断があった後、今日まで、昭和基地を維持し、観測を継続している。

昭和基地は二〇一七年一月二十九日に還暦を迎える。「継続は力なり」といわれるが、半世紀以上にわたる日本の南極観測は、数々の成果をあげてきた。日本の南極関係者の多くは、その成果は自分たちの努力の結晶と考えているようだ。もちろん南極観測に関与した人々の努力がそうさせたことは間違いない。しかし、その大前提として、地球上が平和だったからである。

地球上に起こる多くの自然現象を解明するためには、できるだけ多くの地点で、その現象を観測する必要がある。どんなに広い国土を有する国でも、自国だけでの観測データでは不十分である。地球上、どこへ行くにしても安心して移動ができ、しかも国際的に自由に必要なデータの交換ができる。そんな平和な環境が形成されていたので、各国の南極観測は成功していることを改めて認識したい。そして、日本の南極観測の成果も、その延長線上で成し遂げられたことを忘れてはならない。

南極条約を遵守する限り自由に行動できる南極を「政治的パラダイス」と呼んだ。南極は地球上に生存を続ける人類の未来の姿を示している。その地球の自然環境を守るためにも、日本は南極観測を継続すべきである。日本の文化や国力を考えると、南極観測を未来に向けて継続することが、何よりの国際貢献である。

昭和基地を維持し、観測を継続し、データを世に出すことが大きな国際貢献ではあるがそれだけでよいのかと自問自答している。還暦を迎える観測に半世紀近くかかわって来た者の一人として、「来し方」を振り返ったとき、私は自省を含めて不満を感じている。

それは研究者の多くが、南極の厳しい自然環境を克服して目的を達成したと思い観測や調査をしただけで満足しているように見えるからだ。学問の進歩としてはそこから先が重要である。今後とも南極観測に携わる人々に期待するのは、ぜひ既存の殻を破った成果を出して欲しいということである。

そんな願いを後輩たちに託す気持ちで本書を世に出した。

白い大陸への挑戦*目次

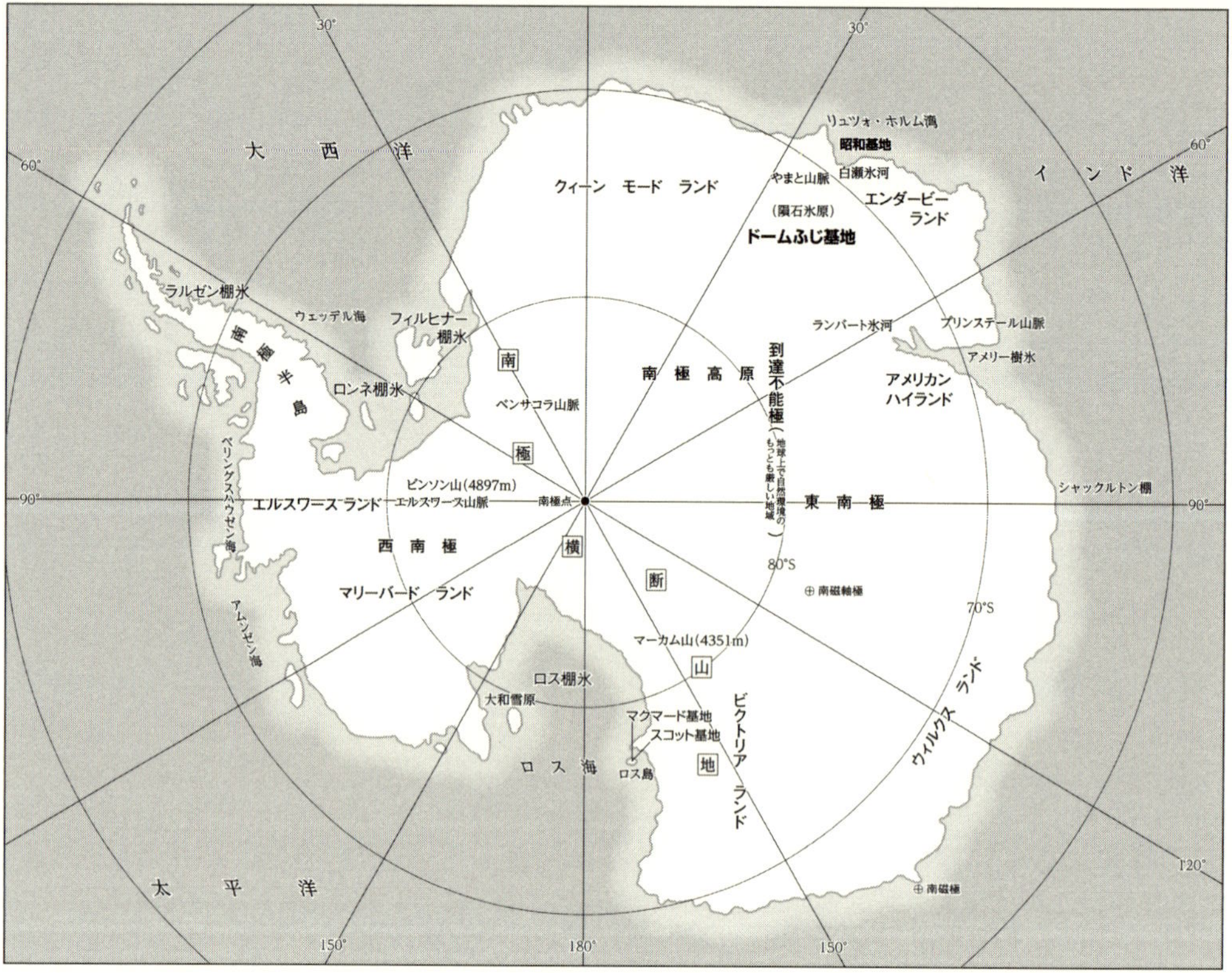
大西洋
インド洋
太平洋
リュツォ・ホルム湾
昭和基地
やまと山脈
白瀬氷河
(隕石氷原)
エンダービーランド
クィーン モード ランド
ドームふじ基地
ラルゼン棚氷
ウェッデル海
フィルヒナー棚氷
南極半島
ロンネ棚氷
ペンサコラ山脈
南極高原
到達不能極(地球上で自然環境のもっとも厳しい地域)
ランバート氷河
プリンステール山脈
アメリー棚氷
アメリカンハイランド
ベリングスハウゼン海
ピンソン山(4897m)
エルスワース山脈
エルスワースランド
南極点
東南極
西南極
マリーバード ランド
アムンゼン海
南極横断山地
南磁軸極
マーカム山(4351m)
ロス棚氷
大和雪原
マクマード基地
スコット基地
ロス島
ロス海
ビクトリア ランド
ウィルクス ランド
シャックルトン棚
南磁極
80°S
70°S
30°
60°
90°
120°
150°
180°

第一章　日本と南極

アンタークティカ

人類が南極大陸の存在に興味を示したのは古く、ギリシャ時代にまでさかのぼる。ギリシャの哲学者たちは陸地と海とは球体をなすと考えていた。また彼らはいろいろな物体は対をなすとも考えていたので、北の陸地に対し南にも陸地があるはずだと考えていた。

西暦一五〇年ごろ、エジプトのアレキサンドリアにいた天文学者であり地理学者であったギリシャのプトレマイオスは世界地図を作っている。その地図の世界の最南端には「未知の国」が示されている。この南にある未知の国は北にある星座の熊座（アークトス）と向かい合っているので（アンティ・アークトス）と呼ばれた。南極を英語では「アンタークティカ」と呼ぶが、その語源はこのギリシャ語からきている。フランス語やドイツ語でも同じ語源である。

最初に氷の浮かぶ南の海に近づいたのはポリネシア人だったようだ。ポリネシアのラトンガ島には六五〇年ごろ、ウィ・テ・ランギオラという若い首長とその仲間が、カヌーに乗って南太平洋を航海中、嵐に遭遇して南に流され、氷の浮かぶ海に達したという伝説がある。六五〇年ごろ日本では飛鳥時代で、大化の改新（六四五年）があり、法隆寺の各仏像が造立されていたころである。

ニュージーランドの先住民であるマオリは、八世紀から一〇世紀ごろにポリネシアから渡ってきた渡来民族である。彼らは大型カヌーをすぐれた航海術で操り、三〇〇〇キロの大海原を越えポリネシアからニュージーランドに渡った。同じ民族がより南まで航海できたことは十分に考えられる。

しかし、南半球への人類の本格的なアプローチは一五世紀に入ってからである。ヨーロッパ人の活動が活発になっていった。コロンブスによるアメリカ大陸の到達はその代表で、数々の地理学的な到達と発見の時代を迎えた。

ルネッサンスにより、それまで迫害を受けていた科学が再び息を吹き返した。千三百年前に書かれたプトレマイオスの『地理学教程』はラテン語に訳され、その知識は船乗りたちにも広まった。従って彼らの中にも「未知の国」の存在を知る者はいたに違いない。そんな中で、大西洋やインド洋を航海して、種子島に漂着したのがポルトガル人の船乗りであった。このとき伝えられたのが鉄砲である。一五世紀、一六世紀、ヨーロッパ人はアジアばかりでなく、南半球にも進出し、南アメリカ大陸南端のマゼラン海峡、ドレーク海峡などにも到達していった。

この時代のフランスでは、各国の船乗りや探検家たちからもたらされる情報を次々に取り入れて新しい地図が作られていった。一五六九年、メルカトル図法で知られているゲラルドゥス・メルカトルが世界地図を出版した。その地図には現在のオーストラリア、ニュージーランド、フェゴ島などを含めた巨大な大陸「未知の南の国＝テラ・アウストラーリス・ノンドゥム・コグニタ」が描かれている。

アブラハム・オルテリウスも一五七〇年に銅版印刷による世界地図帳を出版した。その地図帳にもテラ・アウストラーリス・ノンドゥム・コグニタが示されている。

戦国大名は知っていた

日本人で南の地の果てに陸地がある（つまり南極大陸が存在する）ことを初めて知ったのは織田信長や豊臣秀吉などの戦国大名だったろう。

一六世紀末に出版された当時の世界地図は「世界地図屏風」として、ポルトガル人によって日本に持ち込まれ、戦国大名たちにも献上された。これには「未知の南の国」も記入されていた。織田信長をはじめ戦国大名たちは南蛮人と呼ばれていたポルトガルの宣教師や商人たちから、異国の話を聞くのを楽しんだという。南蛮人たちは世界地図屏風を示しながらヨーロッパからジパングまでの旅の話や寄港地の話などをし、そのとき未知の南の国にも話が及んだと想像するのである。

当時の南蛮人自身、未知の南の国についてほとんど知識は無かったろうから、戦国大名たちがどこまでその姿を理解できたのかは分からないが、南の果てに陸地の存在を知ったのではないだろうか。

一七世紀末から一八世紀初頭に完成したと推定されている「伊能忠敬の地球図」にも、南の果てには「南極圏」と陸地が描かれている。これは伊能忠敬（一七四五〜一八一八）が「世界地図屏風」などといった、ヨーロッパで作成された地図を参考に描いたものと考えられている。

ヨーロッパの船乗りたちは、富を求めて大西洋からインド洋さらには太平洋を航海し、数々の地理的発見を成し遂げてきた。一八世紀に入りイギリスのジェームス・クックは世界で初めて、「未知の南の国」の探検をめざした。一七七三年一月十七日、クックの船は東経三九度線で南緯六六・五度の南極圏を初めて突破した。その地点はその百八十四年後に日本が建設した昭和基地の真北に当たる。クックはさらに東へと航海を続け、一七七四年にかけて高緯度での地球一周（すべての経度線を通過）に成功した。人類初めての南極大陸の周航だったが、大陸の発見には至らなかった。クックは大陸が存在するにしても、その地は南緯六〇度よりも高緯度で、人々が想像しているような大きな陸地ではなく、雪と氷に覆われた不毛の土地であろうと推測している。ただし、浮遊する多くの巨大な卓状氷山から、陸地が存在することも確信したようである。しかし、人類による南極大陸の初視認や初上陸は一九世紀になってからである。

南極大陸の発見

一八二〇年一月三十日、エドワード・ブランスフィールドが率いたイギリスのアザラシ狩猟船は、ドレーク海峡の南側にある発見されたばかりのサウスシェトランド諸島を調査していた。船は同諸島の南東側の海域を南に進み、南緯六三度三〇分に達し、その南に陸地を発見しトリニティランドと命名した。イギリスはこの発見が「未知の南の国の最初の発見（最初の視認）」と主張しているが、それは現在のトリニティ島であろうとの推測もある。

アメリカのアザラシ狩猟船や捕鯨船はデセプション島を寄港地として活動していた。その中の一隻、ヒーロー号の船長は二十一歳のナタニエル・パーマーであった。一八二〇年十一月十七日、デセプション島の南の海域でアザラシを探していて、氷の張りつめた小さな海峡を発見した。現在のオーリアンズ海峡で、その片方の陸地は南極大陸（南極半島）であった。アメリカはこの事実を元に「南の大陸の最初の発見」と主張している。

またジョン・デービスが指揮したシシリイ号の一八二一年二月七日の航海日誌には「ボートを下ろし、南東方向にある大きな陸地へアザラシを見に行かせた。この陸地は大陸であろう」と記述されている。これが南極大陸への初上陸と認められており、その地点はオーリアンズ海峡の南側のヒューズ湾と推定されている。

一八一九年から二二年にかけ、ロシアのファビアン・ベリングスハウゼンが指揮する二隻の船がクックの航海を上まわる高緯度で「南の大陸」を就航した。一八二一年一月二十一日に陸地を発見し、ピーターⅠ世島と名づけた（国際地球観測年のとき、この島は日本の基地建設の候補地となった）。さらに一月二十八日再び陸地を発見し、時のロシア皇帝の名を冠しアレクサンダーランドと命名した。その後の調査でアレクサンダーランドは大陸とは氷で結合されている島であることが判明し、現在はアレクサンダー島と呼ばれている。ロシアはこの発見を「南の大陸の最初の発見」と主張している。

数百年間にわたって探し求められてきた未知の南の国が、わずか一年足らずの間に三カ国の船によって厚いベールが剝がされた。どの発見が本当に最初の発見になるのかは、新資料が見つからないかぎり結論は得られないだろう。

初の科学調査

一八三一年、北磁極が発見されると科学者の関心は南磁極の発見と到達に向けられた。フランス、アメリカ、イギリスの三カ国は南極の本格的な科学調査を目的とした探検隊を送り出した。

フランスはデュモン・デュルビルを指揮官として南磁極の発見を最大の目的とした探検隊を送り出した。一八四〇年一月、太平洋の南の東経一二〇度から一六〇度の未調査海域を、磁石の針が南を指す方へ進路をとって南下した。磁石の伏角は次第に大きくなっていった。一月二十日、ついに前方に陸影を発見し、翌二十一日、南緯六六度三〇分、東経一四〇度の地点に上陸し、ジオロジー岬と名づけた。そして付近一帯をアデリーランドと命名し、フランスの領土であると宣言した。さらに付近の海岸にいたペンギンをアデリーペンギンと呼んだ。アデリーは指揮官の妻の名である。

アメリカ隊はチャールス・ウィルクスを指揮官に六隻の船からなる探険隊を南極に向かわせた。一八三九年から翌年にかけ、太平洋側の西経一〇五度から東経九七度の海域を調査し、南極の西半球側から東半球側にかけて貴重な情報を得た。船から望見した海岸域から内陸にかけての一帯は、ウィルクスランドと命名されている。

北磁極の発見に成功していたジェームス・クラーク・ロスを指揮官とするイギリス隊はフランス隊に二年遅れで故国を出港した。南緯七〇度、東経一七〇度で陸地を発見しアデア岬と名づけた。海岸線はこの付近からほぼ直角に曲がり、南の方向へと延びていた。磁石の南は進路の南西方向を指していた。南下するに従い磁石の指す南はますます西へ向き陸地の方向を指していった。

一八四一年一月十日、東経一七四度線に沿い、船は浮氷帯の海から見渡す限りに広がった開水面に出た。西側の陸地は延々と続き、磁石の針の方向は陸地を指し続け、もはや南磁極が陸上にあることは確実になり、この船隊での南磁極への到達は不可能になった。しかし、さらに南下を続け、南に陸地を発見、その陸地の山の頂上から真っ赤な溶岩が流れ下る火山噴火が起こっていることを認めた。南極での火山の発見である。ロスは噴火している火山を「エレバス」、その東側の山を「テラ」と、それぞれの船の名をとって命名した。その後火山のある陸地は島と判明し「ロス島」、海水面の広がる海を「ロス海」とそれぞれロスの功績をたたえ命名されている。

一八八二（明治十五）年八月から一八八三（明治十六）年七月に第一回極年（IPY）が実施された。ヨーロッパの十一カ国が参加し、北極圏内に十一カ所、南極圏内に一カ所の観測施設が設けられた。南極ではドイツがサウスジョージア島に基地を設け観測を実施している。

当時の世界の覇者を自認していたイギリスは南磁極や南極点初到達に執念を燃やしていた。ノルウェーの博物学者カールステン・ボルヒグレヴィンクはイギリス政府の援助を受け観測隊を組織し、一八九九年から一九〇〇年、アデア岬のロバートソン湾で越冬し、付近一帯を調査した。南極大陸で最初の越冬である。

二〇世紀に入り一九〇一年～〇四年にイギリスはロバート・ファルコン・スコットを隊長に探険隊をディスカバリー号で南極に派遣した。ロス島のエレバス火山から南に延びた半島の先端に小屋を建て、船とともに越冬した。

スコット隊はロス島の南に広がる氷原（ロス棚氷）を南緯八二度一七分の地域まで調査をするとともに、西側の大陸は北から続く山脈（南極横断山地）がさらに南まで続いて、南極点をめざすにはこの山脈を越えねばならないことを確かめた。またロス島の対岸に、広大な無雪地帯を発見、「ドライバレー」と名づけている。

スコット隊に参加したが壊血病のため一年で帰国したアーネスト・シャクルトンは南極点と南磁極への到達をめざした探検を一九〇七年～〇九年に実施した。ロス島の西端のロイズ岬に小屋を建て越冬した。エレバス山に初登頂し、中央に大きな噴火口があるのを発見したり、また南磁極への到達を成し遂げた。南磁極に到達した三名のうちの一人、オーストラリア・シドニー大学のエッジワース・デビッド教授は、その後、シドニーに滞在していた白瀬隊を支援することになる。

南極点をめざしたシャクルトン隊は、ロス棚氷からベアドモア氷河を登り、南極横断山地を越えて内陸氷原に出ることに成功した。山地の中で石炭や化石を発見してい

Column▼南極の火山

ロスに率いられたエレバス号とテラ号の二隻の船隊が目にしたのは、白い山体の頂上からは噴煙が上がり、西側の斜面に赤い溶岩が流れていた山の姿であった。一八四一年一月二十七日の事である。

雪と氷の白銀の世界で、灼熱の溶岩が流れ下る風景に、火山の無いイギリスの探検隊一行は驚いたらしい。しかし、氷や雪は地球表面の現象であり、火山は地球内部の現象で、南極や北極に火山があっても不思議ではない。その後の調査で活動しているのはエレバス山だけで、テラ山の活動記録は山体や火口付近が厚い氷に覆われているので分からない。

ロス島周辺はハワイと同じように地下深部からマグマが上昇するホットスポットと呼ばれる火山地帯で、二十以上の火山が点在している。

発見以来エレバス山（三七九四メートル）は断続的に噴煙を上げていた。一九七三年には山頂火口内に直径二〇〇メートルほどの溶岩湖が出現、小さな爆発を一日数回くり返すストロンボリ噴火を続けていた。私は一九七九年からニュージーランドとアメリカの三国による「エレバス火山の地球物理学的研究」という国際共同研究を十年間実施した。直径五〇〇〜六〇〇メートルの山頂火口縁にはカメラを設置し、リアルタイムで爆発の瞬間を記録し、山体周辺には最大十カ所に地震計を配置して観測を続けた。幸運だったのは一九八四年に山頂直下にアメリカが調査用に使うために建設してあった小屋が噴石で破損されるほどの大きな爆発が起こった。そのためエレバス火山の活動の変化を捉えることができた。南極だから大噴火があってもほとんど被害を受ける人がいないので、事前に噴火を予測してもあまり役立たないが、日本にあれば噴火予測ができる火山になった。

スコット基地近くのロス棚氷上から見たエレバス火山

エレバス山は二〇一五年現在でも、山頂に溶岩湖が存在し続け、毎日数回はストロンボリ型噴火を繰り返している。溶岩湖が数十年も存在し続ける世界でも珍しい火山である。

南極にあるもう一つの活動的火山は南極半島先端付近のサウスシェトランド諸島にあるデセプション島である。海底火山の頂上部が海上に突き出た火山島で、内側のカルデラに海水が浸入し、波静かな湾になっている。一九世紀から二〇世紀にかけては、天然の良港として、多くの船乗りを癒してきた。

国際地球観測年でアルゼンチン、イギリス、チリの三国が基地を設けていた。一九六七年十二月四日、湾の北側の海底から噴火が始まった。鳴動のような異変が事前にあったらしく噴火の前にペンギンはすべて逃げていたとの報告がある。基地の建物はすべて破壊されたが、どの基地も人的被害はなかった。

噴火地点には小島が現れ、火山活動は一九六九〜七〇年にも活発になったが、その後、静穏化した。湾内には温泉が湧いており、観光船が寄港すると南極で唯一つ海水浴のできる海として、泳ぐのが一つの恒例行事だったようだ。この海水浴だが、現在は環境保護のため禁止されている。

■

る。一行は南緯八八度二三分、東経一六二度を最南点として、引き返した。南極点への到達こそならなかったが、この旅行で南極大陸の内陸氷原の姿が明らかになった。

一九〇九年四月六日、アメリカのロバート・ピアリーにより北極点到達が達成されると、南極点到達をめざす機運が高まった。一九一〇年〜一九一二年にかけ、三つの探検隊が南極点をめざした。

イギリスのスコット隊は前回越冬したハット岬小屋から北へ二〇キロ、シャクルトン隊のロイズ岬からは南東へ一〇キロのエバンス岬に小屋を建て二十五名が越冬した。一九一一年十一月一日に南極点をめざし出発した。荷運び用に連れていったポニーは役に立たず、ベアドモア氷河を人力で荷揚げしながら登らざるを得なかった。結局アムンセンに遅れることほぼ一カ月。一九一二年一月十七日に南極点に到着した。

ノルウェーのロアール・アムンセンは北極点をめざして探検隊を組織した。アムンセンはピアリーによる北極点到達の達成を知った後も、北極点の科学調査を目的としたまま、探検船フラム号を指揮し出港した。だが出港後、目的を南極点到達に替えることを隊員に伝え、大西洋のマディラ島に寄港したとき、シドニーのスコット宛てに「われ南に向かう」と電報を打っている。突然の変更のようだが、アムンセン自身は南極行きの経験もあり、各探険隊の記録を精査し、十分な準備をしていたようだ。

鯨湾に面したロス棚氷上に基地フラムハイムを設け、一九一一年二月十日に越冬を開始している。一九一一年十月十九日、アムンセン他四名が五十四頭の犬に、四台のそりを引かせ出発した。そして十二月十四日、人類として初めて南極点に到達した。測量による位置確認後、テントを張り、その中へスコット隊への手紙を残した。アムンセンは帰路の事故を心配し、もし遭難するようなことがあっても、自分たちが極点に到達したことを伝えてもらえるよう、スコット隊に託したのである。

彼らの復路も順調で、犬は十一頭になっていたが、一九一二年一月二十五日、フラムハイムに戻った。往復三〇〇〇キロの雪原の旅を九十八日間で達成した。

白瀬南極探検隊

二〇世紀に入り南極は英雄時代と呼ばれ、多くの発見を伴う探検がなされていった。当時の日本は文明開化後、日清、日露の戦争に勝利し、新しい国家ができつつあった。千島列島の防衛には関心があっただろうが、北極やましてや南極に興味や関心を示したり、その地を探検しようとするような気風は無かった。そんな時代に、ひとり異質な人物がいた。白瀬矗《のぶ》（一八六一〜一九四六）である。

秋田県金浦村（現にかほ市）の浄蓮寺の長男に生まれた白瀬は、幼名は一千代（のちに知教、さらに矗と改名）と言い、非常に腕白な少年だったようだ。白瀬少年が学んだ寺子屋の先生は佐々木節斎、博学な地方の名士だった。腕白な白瀬も先生のコロンブスやマゼランなどによる「未知の世界」「前人未到の地」の探検や冒険話を聞くときは目を輝かせていたという。その白瀬の興味をさらに引き出すべく、節斎は数々の冒険談や西洋の話などをした。そんな背景から白瀬の心は少しずつ世界に向かって開かれたようだ。

白瀬の弟で生家浄蓮寺の住職になった知行の孫、白瀬京子によると「西洋人は偉いぞ、北極というところは、地球の北の端にあって、年中、雪と氷に閉ざされている。そんなところにまで探検に出かけて行くんだ。忍耐力があり、意思が強く、そして何事にも熱心だ。ところが日本人はどうだ。家の中に閉じこもって冬のすぎ去るのを待っている。北極ばかりではない。世界にはまだまだ人間の知らないところがある。西洋人はそういうところへ勇気と忍耐をもって挑んでいく」（『雪原へ行く』秋田書房、一九八六年）と白瀬は師の節斎から諭されたという。白瀬はこのときの話から北極を知り、北極探検を志した。北極をめざすなら五つの戒め（酒、煙草、湯、茶、暖を禁止）を守れという師の教えを、生涯貫き通した話は、白瀬の有名な逸話として語り継がれている。

長男として僧侶になり寺を継ぐなら北極探検はできない、と寺は弟に任せ自身は陸軍教導団に入団した。一八九三（明治二十六）年、軍の千島探検に加わり、占守島で二冬を過ごした。一九〇四（明治三十七）年、日露戦争に召集され負傷し、陸軍中尉に昇進し、退役した。

一九〇九（明治四十二）年、白瀬はアメリカのピアリーが北極点への初到達を果たしたことを知り、目標を南極に変え南極探検の準備を進めた。その計画を公表したのは一九一〇（明治四十三）年七月であった。政界の重鎮・大隈重信が探検隊支援の中心人物の一人であったが、約束されたはずの政府の援助も得られず、資金集めは苦労の連続であった。だが白瀬は強い意志で多くの障害を乗り越え、探検隊は組織された。

苦労してようやく調達できた船を、日露戦争のとき第三軍司令官として旅順を攻略した乃木希典陸軍大将が「開南丸」と命名した。一九一〇年十一月二十八日、二〇七トンの開南丸は白瀬以下二十六名の隊員船員を乗せて、東京芝浦を出港した。現在は埋め立てられたその地には、白瀬隊を顕彰する記念碑がある。

開南丸は一九一一（明治四十四）年三月三日、日本の船舶として初めて南極圏を突破

白瀬隊・開南丸の出航した地にある記念碑

したが、南極はすでに冬で、浮氷群に前進を阻まれ、三月十二日、大陸（実際はロス棚氷の氷縁）を目前に、オーストラリアのシドニーに引き返した。

このころイギリスのスコットは彼自身二回目の南極探検隊を率いて南極点をめざし、すぐ近くのロス島エバンス岬で越冬を始めていた。またアムンセンもロス棚氷の鯨湾で越冬を始めていた。そしてすでに述べたようにスコットは一九一一年十一月一日、アムンセンは十月十九日に南極点をめざして、それぞれの越冬基地を出発している。

シドニーで半年を過ごした白瀬隊は一九一一年十一月十九日、再び南極点をめざして出航した。一九一二（明治四十五）年一月、開南丸は暴風圏を越え南極大陸（陸地に見えたのはロス棚氷）へと接近した。鯨湾近くの小さな湾に入り、そこから氷崖を登り氷原（棚氷）への上陸を果たし、その湾を「開南湾」と名づけた。

このころ、アムンセンは一九一一年十二月十四日に南極点に到達、一九一二年一月二十五日に越冬基地に戻っている。スコットも苦労を重ねながらも一月十七日に南極点に到着したが、そこで見たのはアムンセンの残したテントやスコットに宛てた手紙だった。その帰路スコットら四名は不帰の客となったが、彼らの遺体が発見されたのは一九一二年十一月十二日だった。

氷原に小屋を建て拠点とし、一月十九日、白瀬隊長ら五名は二台のそりを三十頭のカラフト犬に引かせて南極点へと出発した。寒風と凹凸の激しい雪面に苦闘しながら九日間で約三〇〇キロ前進した。一月二十八日、南緯八〇度〇五分を最南点として引き返した。白瀬は最南点付近の「露営地を中心に目の届く限りの渺茫際なき大雪原に『大和雪原（ヤマトユキハラ）』と命名した」（『南極記』原文のまま）。

白瀬らが氷原上を南進している間に、開南丸は付近を航海し、アムンセンらを迎えにきたフラム号と邂逅している。

白瀬は大和雪原一帯を日本の領土と宣言している。現在では、大和雪原は南極大陸ではなく、大陸から流れ出し、海面を覆っているロス棚氷の一部であることが分かっている。領土宣言をしても、陸地ではなく海域なので日本領として認められるかどうか分からないが、白瀬の宣言による日本の権利は、第二次大戦の戦後処理として、アメリカのサンフランシスコで一九五一年に開かれた講和会議で結ばれた平和条約ですべて放棄させられた。当時の日本政府の関係者が南極での日本の権利をどのように評価していたかは不明だが、重要視はしていなかったのではないだろうか。白瀬の南極探検に対する政府の態度や、当時の日本社会の探検への理解などから、そのように推測せざるを得ない。

白瀬京子によると、白瀬夫妻は一九四四（昭和十九）年八月から一九四五年九月ごろまで、終戦前後の一年間、愛知県から生家に疎開しており、同じ屋根の下で暮らした。そのころも白瀬は毎日のように何か書き物をしていたが、それは『航空機による南北両極の探検とか、南極の領土権問題とか、極地研究所設置とかに関する政府への請願書』（前出『雪原へ行く』）だったという。敗戦直後の混乱期、政府にそのような請願をしても期待はできないと思うのが一般的であろうが、白瀬はそれだけ極地への執念を持ち続けていたのである。

日本が南極観測に参加を決めたのはその十年後、極地研究所の設置はおよそ三十年後である。「生まれるのが早すぎた」というのが彼への感想である。白瀬の極地への情熱と執念は異常ともいえる。もっとも、現在の私がそのように白瀬を表せられるのは当時の事情を知らないからだろうか。とにかく白瀬には南極の情報が少なすぎた。遙か一万数千キロの波涛を越えて、南半球の夏の間（遅くとも一月から二月）には到着せねばならない南極への出発が十一月である。なぜ出発を翌年半ばまで延期できなかったのか。やはり一刻も早く南極に着きたいという執念であろう。

仮にスコット、アムンセンと同様、雪原の旅を二～三カ月続けられたとして、白瀬は彼らほどの非情さを持っていただろうか。スコット隊は輸送手段として、またいざというときの食料としてシベリア馬四頭を南極に連れていった。エバンス岬に残るスコット小屋の外側には、この馬たちの飼料である干し草が現在も残っている。実際には馬たちはベアドモア氷河を登る途中でクレバスに落ちほとんど役に立たなかった。スコットたちは輸送手段と食料を同時に失ってしまったのである。

アムンセンも南極点への旅行中、五十四頭の犬のうち四十三頭を殺し、食用にしている。明治時代の日本はようやく牛鍋が普及し始め、四足動物を食べる習慣が広く根付きつつあった。しかし、一緒に旅行しているカラフト犬を殺して食べるという感覚は、白瀬には無かったろう。そんな観点からも白瀬の登場は早すぎた。

白瀬は日本人より外国人によってまず評価された。シドニーに滞在中、なにかと世話をしてくれたのがシドニー大学地質学教室のデビッド教授である。一九〇八〜〇九年にイギリスのシャクルトン隊に参加し、ロス島のロイズ岬でシャクルトン隊の一員として越冬していたデビッドはダグラス・モーソンらと南磁極に到達を果たして、名声を博していた。南極を知っていた人が白瀬を支援したので、当初地元の人々に白眼視されていた白瀬らのシドニー滞在中の環境が好転し、無事に過ごすことができた。

一九一四年から四年間続いた第一次世界大戦が終結すると、航空機、カメラ、ラジオなどが急速に進歩していた。これらの機器は南極でも使われ出した。アメリカのリチャード・バード海軍少将は南極での航空機使用の最大の功労者であった。アムンセンと同じようにロス棚氷上に、越冬基地リトルアメリカを建設、周辺の調査に着手した。現在、彼の妻の名をとり「マリーバードランド」と呼ばれる地域では、次々に新しい山脈が発見され、探検隊に資金援助をした資本家であるロックフェラーやフォードなどの地名がつけられている。バードは一九二九年十一月二十八日にはリトルアメリカから南極点への往復飛行を達成した。

マクマード基地にある
リチャード・バードの胸像

そのバードが航空機から白瀬隊が大和雪原に建てたブリキの旗を視認している。東洋からはるばる南極点をめざしたことを評価していたのだろう。南極探検後、借金返済などで白瀬が困窮した生活を知って「援助の手を差しのべたいとの手紙を送った」（前出『雪原へ行く』）が、その好意に感謝しつつ、支援を受けることなく丁重に断ったという。

一九三二（昭和七）年八月から～三三（昭和八）年七月に第二回ＩＰＹが開催された。

参加国は三十四ヵ国、北極圏内に四十二ヵ所、南極圏内に五ヵ所の観測所を設けた。日本も樺太の豊原（現ユジノサハリンスク）で地磁気の観測をするとともに、国内での観測研究を強化した。

白瀬隊は南極探険を紹介する外国の書籍にも取り上げられている。韓国極地研究所所長の金禮東博士は、韓国の極地研究の第一人者であり、私とは彼の学生時代からの付き合いがあり、また日本の極地研究所との交流も深い。二回の極地研究所への長期滞在を経験している。彼は白瀬に興味を持ち、その南極探険を一冊の本にまとめた。そのタイトルは『開南』、ハングルであるから私には読めない。金博士は「漢字を使わずハングルだけで書きましたので分かりにくいかもしれませんが、先生なら写真などから私の意図を読み取ってくださるでしょう」のコメントと共に私に贈呈してくれた。

日本南極地域観測隊

日本では一九三四年から南極捕鯨を始めた。今でこそ日本の捕鯨は欧米各国から批判されているが、一九世紀から二〇世紀にかけて南極での捕鯨はイギリスやアメリカが中心であった。南極大陸への初視認や初上陸もアメリカのアザラシ狩猟船や捕鯨船の船乗りたちによりなされたのをはじめ、多くの地理学的発見に貢献している。南極大陸初視認のアザラシ狩猟船の船長ナタニエル・パーマーの名は現在南極半島の地名として残されている。南極海での捕鯨を日本では「南氷洋の捕鯨」と呼んでいた。捕鯨船団からの情報として、オーロラ（南極光）やペンギンが日本にも紹介された。

一九五一年の講和条約によって日本は国際社会への復帰が認められた。そしてすぐに参加したのが一九五二年のヘルシンキオリンピックであった。獲得した金メダルは一個と、メディアが伝えた事前の予想より、遙かに少なかった。日本人は改めて自分たちの実力を認識せざるを得なかった。

地球上に起こる多くの現象は大規模なメカニズムで発生するので、その現象の解明には地球の全面、できるだけ多くの地点で同時に観測することが求められる。そのため古くから国際協力体制が組織されていた。その大規模なものが先述の、一八八二年と一九三二年にそれぞれ一年間実施したＩＰＹである。

ＩＰＹは五十年の間隔で実施するように始まったが、第二次世界大戦での急速な科学技術の進歩によって、いろいろな分野での観測機器の進歩と測定精度の向上が著しかった。そして、五十年間の間隔では長すぎると、二十五年目の一九五七（昭和三十二）年七月から一九五八（昭和三十三）年十二月までの十八ヵ月間に第三回ＩＰＹを実施することが国際学術連合会議（ＩＣＳＵ）で決定した。

ＩＣＳＵには国際測地学・地球物理学連合や国際天文学連合などいろいろな学術分

野の国際的な学協会が加盟している。そして日本国内にはそれぞれの研究者で組織する日本測地学会、日本天文学会などの研究者の集まりの学協会があり、その集まりは国際的な各学協会に所属している。従ってＩＣＳＵへの意見は国内の学協会、国際的な学協会を通じて、日本の研究者の意思表示ができるし、またその逆にＩＣＳＵの決定も知ることができる。また日本国内の各学協会は日本学術会議の傘下にあり、学術会議を通じても、国際的な情報、国内の情報の流通がなされている。

国際社会に復帰していた日本は、すでに国際測地・地球物理連合というような国際協力の組織とも連絡、協力関係が構築されていた。

ＩＰＹでは極地の地磁気や気象の観測を目的にしていたが、第三回ＩＰＹでは観測地域も極から赤道まで、地球全体に広げ、観測項目も電離層やオゾン層の観測、太陽や宇宙線の観測、ロケットを使った高層の観測など広範囲に及んだ。さらに当時は未知の大陸で、海岸線もはっきりせず、まともな地形図もない南極に観測所を設け、科学のメスを入れることになった。そして名称も極年ではなく「国際地球観測年（ＩＧＹ）」とすることにした。

ＩＣＳＵに対応する日本国内の対応機関は学術会議である。ＩＣＳＵの提案は学術会議を通じ国内科学者に伝えられ、それぞれの要望を聞き、議論を重ね、一九五五年のＩＣＳＵの会議で南極観測への参加を表明した。第二次大戦の敗戦から十年が経過し、混乱は収まり、世の中は落ち着いてきてはいたがまだ主食の米を輸入している時代であった。

ただし、日本は最初から南極観測に参加する意思はなかった。日本は東経一四〇度線に沿っての観測の主責任者になることを要望されていた。この役割を果たすため日本は赤道付近に観測所を設ける予定で、政府も予算を考えていた。ところがアメリカが赤道付近に観測所を設置することになった。そのため赤道付近の観測予算を南極に振り替えることが考えられ始めた。そして、朝日新聞社が南極観測に関心を示し、設営面の援助を惜しまないという内々の話もつき、日本は南極観測への参加を決めた。

日本は一九五五(昭和三十)年九月、ベルギーのブリュセルで開かれたICSUの中に組織されていたIGY特別委員会(CSAGI)で、南極観測への参加を表明した。それ以前、もし日本が南極観測に参加する場合は、基地建設候補地としてピーターI島はどうかとの打診もなされていた。また日本が観測拠点として希望したのは、日本の真南に位置し、白瀬隊も航海した海域に近いビクトリアランドのアデア岬付近だった。

結局九月の会議で採択された主旨は『日本に希望されているノルウェー基地とモーソン・オーストラリア基地の間が一〇〇〇マイルも離れているので、この間を埋める東経三五度付近に日本が基地を設けることが望ましい。ここはオーロラ極大値地帯に平行である。なおピーターI世島は近接困難と考えられるし、アデア岬には、アメリカとニュージーランドが共同して基地を設けることが適当であろう』（文部省『南極六年史』、一九六三年）というものだった。

この会議に出席し、南極観測への参加を表明し、のちに第一次隊から第三次隊までの隊長を務めた永田武から直接聞いた話であるが、このときの欧米科学者たちの日本への反応は、決して快いものではなかったという。彼らにしてみれば、第二次大戦の敗戦国の中で、白人国のドイツ、イタリアを差し置いてただ一カ国、しかも東洋の黄色人種が南極観測に参加するというのは、歓迎したくない事項であったらしい。ドイツ、イタリアの南極観測への参加は一九八〇年代になってからである。その間の日本隊の成果を考えると、IGYでの南極観測に参加を決めた、当時の日本の学界はもちろん政官財の各界の先見に敬意を表したい。

日本に与えられた基地候補地はプリンスオラフ、プリンスハラル海岸付近であった。日本はその中で、一九三七年にノルウェーの調査船が沖合から水上航空機を飛ばし、空から斜め写真を撮り、略図を作り、目立つ地形にノルウェー語の名前を付けていた地域に注目していた。陸上からも海上からも人類はその地を訪れていないが、この写真から付近の情報は得られていた。

基地建設候補地は内陸氷原の調査が可能な地、つまり南極大陸に必ず上陸できるという条件もあった。条件が悪いながらも、この地を候補地に選んだことは、後日、それなりに幸運だったことが判明する。

日本学術会議で最終的に決定した南極観測は以下のような計画だった。

観測調査の項目――
気象、地磁気、極光・夜光、電離層、宇宙線、地震、地理、地質、その他
観測地点――
東経三五度付近　プリンスハラル海岸
観測期間――
予備観測　一九五六年十二月～一九五七年一月
本観測　一九五七年十二月～一九五八年十二月
観測隊の規模――
予備観測　約二十名
本観測　約四十名

第一年目はあくまで基地候補地の選定、基地の建設、一部観測を実施後、全員帰国というものであった。未踏の地に行くために安全を考えた案ではあるが、この計画で

はなかなか成果は上がりにくいであろうことは、今になれば一目瞭然である。しかし当時はこの計画で実施されることになった。探険に対する国の理解は白瀬隊のころとほとんど変わっていなかったようだ。

だが南極観測への参加が発表されると、国内はその壮挙に沸きかえった。科学オリンピックへの参加という明るいニュースは、各新聞社の「南極探検隊義捐金募集」に発展した。探検隊を支援すべく、子供たちが五円、十円と小遣いを節約し、寄付に応じた。「〇〇小学校〇年〇組五十円」というような寄付をしたというような記事が紙面を飾った。このような科学事業へ国民すべてが協力するということは、空前絶後で、その前はもちろんその後にも例はない。現在は宇宙科学が国民の関心を呼んでいる。しかし、宇宙飛行士を送り出すために小学生や中学生たちが小遣いを節約して寄付したという話は聞かない。

南極の紹介本も何冊か出版された。その中でオーロラを説明するのは天文学者だった。オーロラの専門家がいなかった当時の日本では、天空の現象ということで天文学者がオーロラ解説の役割を担っていた。

これも永田から聞いた話であるが、観測隊の機材は全て国産でまかなうのが基本方針だったという。ただ朝日新聞社が提供した航空機関係の機材だけは輸入品を調達せざるを得なかった。まだ日本国内には航空機産業は復活していなかったのである。

観測か探検か冒険か

新聞社による南極観測支援の募金では、新聞紙面に「南極探検隊」という名称が使われていたが、南極に行く集団の正式名称は「日本南極地域観測隊」であった。日本政府は「探険」という言葉を使うことを嫌った。探険には危険が伴う。国家事業として観測隊員全員が国家公務員として南極に行くシステムが構築されていた。国家公務員を探険というような危険な目に合わせることはできないというのが政府の主張であった。この「タテマエ」を守るため、当初は「観測」か、「探険」かで議論が重ねられたようだ。おそらくは不毛の議論であったろう。

人跡未踏の地に行くのだから、その地には数多くの未知の事柄が広がっているはずだ。それを克服することは、当然「その地を探険する」ことになる。しかし、日本ではあくまで観測であって探検ではないと、タテマエを通していた。

隊の正式名称は「日本南極地域観測隊」であったが、英語表記では「Japanese Antarctic Research Expedition (JARE)」とResearch（研究）とともにExpedition（探検）という表現がきちんと含まれている。この点からも政府が探検的要素の存在を認めていたことが伺える。

南極観測が進むに従い、南極は登山やスキーなどの冒険の場にもなった。地球上最後の秘境として、南極での冒険や観光が盛んになると、環境への問題も心配されるようになった。
二〇世紀の後半、一九九〇年前後と記憶しているが、ある観光業者は南極での観測関係の滞在者は、観光客の数倍以上になる。南極を汚しているのは観光客や冒険旅行者ではなく、各国の観測隊であるとの主張がなされた。
この観光業者が誤っているのは、その目的である。観測や探険の成果は人類共通の知的財産になる。ところが観光や冒険から得られるものは、当事者の満足だけである。「個人の欲求を満たすために、南極を汚してよいのか」というのが観測に従事している人々の主張であった。現在は、後で述べるように、南極の環境を守る国際条約があり、観光客もそれに従うようになっている。

Column▼南極観測隊応援歌

南極観測隊を応援するための歌が作られ、東京の日比谷公会堂で披露された。子供向けの歌には振りが付き、子供たちは両手に日の丸の旗を持って唄い、踊った。大人向けの歌は軍歌調だった。

子供向けの歌詞は以下のようであった。

「南極の日の丸」

日の丸の旗　なびかせて
地球の果ての　南極へ
小さなお船で　観測に
行ってくださる　いさましい

おじ様たちに　みんなして
「ご無事でネ　ネ」と
祈ります
(二、三節略)

「南極観測隊の歌」

しろがね煙る　南極の
氷の海を　七色に
染めてかがやく　オーロラよ
陽の影うすく　陽はうすく
荒涼万里　見わたすかぎり
はてもなき　濃霧の山よ
魔の谷よ
(二、三節略)

大人向けの歌は以下のごとくである。

第二章　日本の南極観測

国際地球観測年

国際地球観測年（ＩＧＹ）については、すでに第一章でも述べているが、重複を承知のうえで、改めてその概要を述べよう。

テレビなどで天気予報を見ていると、中国大陸や朝鮮半島の今日の天気が、日本列島の明日、明後日の天気と説明される。天気つまり地球上の気象現象はどんなに広い国土を有する国でも、自国の観測データだけでは正確な天気予報を出すことは難しい、目の前に発生している現象も十分に理解できない。気象現象ばかりではない。地球の磁場、地震、火山噴火、津波など、地球物理学的な諸現象の解明には、地球上のなるべく多くの場所での情報が必要である。

それに気がついた科学者たちが、協力して一定期間に多くの地表で同じ観測を行い、地球に関する知識をより深めるために計画したのが極年である。

一八八二年、第一回極年が実施された。十二カ国が参加し、中緯度地域で三十四カ所、北極地域で十三カ所、南極一カ所で、オーロラ、地磁気、気象などの観測がなされた。一九世紀後半、北極もまだ未知の領域であった。南極地域ではドイツがサウスジョージア島に基地を設けた。第一回極年に日本は参加していない。一八八二（明治十五）年といえば日本は文明開化の荒波の中で、西南の役の五年後、大日本帝国憲法発布の七年も前である。

五十年後の一九三二（昭和七）年に実施された第二回極年も四十四カ国が参加し、北極地域の観測に主点が置かれた。日本も参加し樺太（現サハリン）の豊原で地磁気の観測を実施している。南極地域ではケルゲレン島とサウスジョージア島で越冬観測がなされただけだった。

第二次世界大戦が終わったとき、世界の科学技術は急速に進歩していた。その技術を使って、宇宙や地球に関する革新的研究がなされていた。南極や北極を含めた地球物理学的研究の要求は、第三回極年まで待つことができず、第二回極年から二十五年後の一九五七年七月から一年半、第三回極年を「国際地球観測年（ＩＧＹ）」として実施することを国際学術連合会議（ＩＣＳＵ）が決定した。そして、当時はまだ厚いベールに閉ざされていた南極に、科学のメスを入れるべく、南極に基地を設けて地球物理学の諸観測をすることを、ＩＧＹの大きなプログラムにした。もし読者の手元に一九五〇年代以前に発行された世界地図があったら見て欲しい。そこには南極大陸の海岸線がほとんど点線で示されているはずだ。これはその当時の南極大陸は海岸線もはっきりしなかったことを示すもので、南極地域の正確な地図作成も観測の大きな目的であった。

重点が置かれた南極観測にはアルゼンチン、オーストラリア、チリ、フランス、日本、ニュージーランド、ノルウェー、南アフリカ、イギリス、アメリカ、ソ連（当時）の十二カ国が参加した。気象、オーロラ、地磁気、地震などの地球物理学の諸分野の観測と地理、地形、地質などの調査も行われた。地形図作成の測量は参加各国に課せられた大きな仕事であった。南極大陸と周辺の島々を含め約六十カ所の観測拠点が設けられた。

南極大陸の内陸基地での越冬観測が重視され、アメリカが南極点、ソ連が南磁軸極と到達不能極、フランスが南磁極にそれぞれ基地を設けた。スコット、アムンセンの時代、南極大陸の沿岸域での越冬はすでに行われており、真冬の寒さ、風の強さなどは分かっていた。しかし内陸氷原の一年を通しての記録は全くなかったので、内陸基地で越冬して一年間を通じての気象観測を実施するだけでも多くの情報が得られることが期待されていた。その成果の一つとして、南極大陸では内陸氷原よりも、沿岸地域の方が風は強く、ブリザードの時は風速一〇〇メートル近くにもなることが明らかになった。

ＩＧＹの南極観測は超高層物理、気象、大陸の氷と雪、地球科学などの各分野で成果をあげた。そのまま終止符が打たれるはずであったが、各国の科学者は得られた成果は平和な環境の中で実施された国際共同観測の結果であることを痛感した。そして南極観測を国際協力により、さらに継続することが要望された。とりあえず一九五九年を国際協力年として、南極での多くの観測が継続され、その後の恒久観測体制への準備がなされていった。

ＩＧＹが始まった直後の一九五七年九月、ＩＣＳＵの中に南極研究特別委員会という分科会が設けられ、南極観測が国際協力で推進できる体制が整った。この特別委員会は一九六一年に南極研究科学委員会（ＳＣＡＲ）と改称され、各国の南極観測推進の連絡や調整を行う機関として、現在に至っている。

このとき南極観測に参加した多くの科学者の熱望により外交官が動き、一九五九年十二月に南極条約が締結され、一九六一年六月に発効した。この条約により南極大陸は平和と科学の大陸の地位を確立した。

南極観測に参加は決めたが、その観測の目玉の一つオーロラに関し、日本には専門家はいなかった。氷の大陸に観測に行くのだが、日本には現在雪氷学と呼ばれている「氷の性質や動き」を研究する分野の人もいなかった。雪の研究者はいたが、雪が氷になり、どんな振る舞いをするのかというようなことへの関心は薄かったようだ。だがこれらの分野は手探り状態から観測・研究を始め、やがて大輪の花を咲かせることになる。

昭和基地の建設

南極観測に参加を決めた日本は準備を急いだ。最大の問題は船であった。少ない情報ながらそれまでのプリンスハラル海岸沖の氷状や外国船の接近状況などから見て、

Column ▼ 四つの極

南極には四つの極がある。南極点、南磁極、南磁軸極、到達不能極である。

南極点は地球の地理学的な極で、その回転軸が地球の表面と交わる点で、その反対側が北極点になる。

南磁極は方位磁石の針が下を向いてしまう、つまり地球の磁場の伏角が九〇度になる点である。磁石の針が示す南極で、磁南極とも呼ばれる。一九〇八年に発見されたときは陸上にあったが、その後毎年一〇キロほど北や北西方向に移動し、現在は海上にある。

南磁軸極は仮想の磁極である。地球の磁場の強さは場所によって異なり、全地球的に見るとかなり複雑な分布をしている。従って地球の磁場を研究するためには、なるべく実際の磁場の分布に近いモデルが必要で、そのモデルが双極子磁場と呼ばれる。地球の中心に一本の棒磁石があると考えたモデルである。

その棒磁石のN極を伸ばしてゆき地球の表面と交わった点が、南磁軸極で地磁気南

極とも呼ばれる。逆にS極を伸ばしていって地球表面と交わった点が北磁軸極である。二〇〇〇年に定められた国際標準磁場モデルでは、南磁軸極は南緯七九・五度、東経一〇八・四度、北磁軸極は北緯七九・五度、西経七一・六度に位置している。地球磁場の磁力線はこの南磁軸極と北磁軸極を結んでいる。

到達不能極は南極大陸のどの海岸線からも、もっとも離れている点と定義されている。近づくことも大変な地域なので、このように命名された。

その地は南緯八二・三度、東経六五・七度を中心とする一帯で、標高は四三〇〇メートル、氷床の厚さも四〇〇〇メートルを超えている。年平均気温はマイナス五〇度以下で、地球上でもっとも自然環境の厳しい地域である。

IGYではソ連がこの地点に「到達不能極基地」を設けた。

名称こそ「不能」とはなっているものの実際基地が設けられたのであるから、「到達不能」ではなく「到達困難極」であるとか、または「到達至難極」と呼ぶべきだとの意見もある。

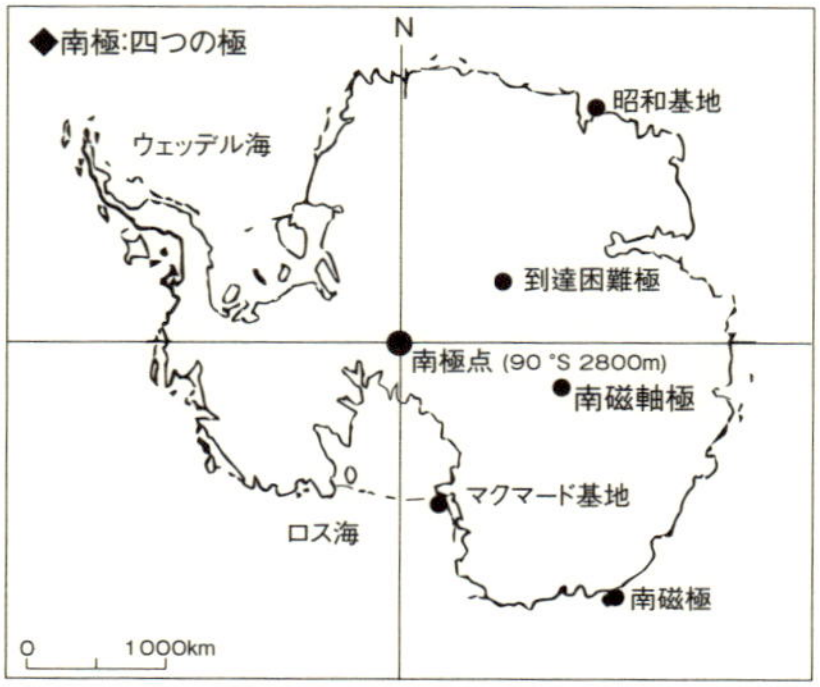

◆南極:四つの極

砕氷船が必要と確認された。外国から砕氷船をチャーターすることも検討されたが、適した砕氷船はなかった。結局、海上保安庁で灯台補給船として使われていた「宗谷」

を砕氷船に改造して、南極観測船とした。一九三七年にソ連の発注によって建造された船であったが、日本国内で使用されることになり、第二次大戦中は海軍に属した船である。何回か魚雷攻撃を受けたが沈没を免れた幸運な船でもあった。そして宗谷は耐氷能力を備えていた。数奇な運命をたどりながらも、戦火を潜り抜けた宗谷の幸運は南極観測でも発揮されることになる。

宗谷の随伴船として、東京水産大学（現東京海洋大学）の「海鷹丸」が選ばれた。宗谷の氷海への進入路を、宗谷とともに探すことにより、宗谷の負担を軽減させる。南極では氷海の外側に位置し、常に外洋の状況を宗谷に知らせ、天候の変化に迅速に対応する。必要に応じ宗谷への補給ができる体制をとり、航海の安全性を向上させる、などの役割を海鷹丸は担っていた。

観測隊長には永田武・東京大学教授、宗谷（南極調査船と呼ばれていた）の船長は海上保安庁の海上保安官・松本満次が決定し、観測隊員は永田により選考されていった。

一九五六（昭和三十一）年九月七日、副隊長の西堀栄三郎以下五十二名の隊員が発表された。隊長を含め五十三名の隊員の中で、十一名が越冬隊員の候補者であった。最初の計画では第一次隊はあくまでも予備観測、というタテマエ論が通っていたが、自然を知る人たちにとっては、ほとんどが未知の世界である南極観測がタテマエ論ではひい巧くいかないことは自明のことだった。第一次隊も可能ならば越冬することが、

宗谷出航当日の永田武隊長（撮影・唐鎌郁夫）

ては本観測の成功につながるとのホンネ論が通り、安全に越冬できる体制が整った場合には越冬してもよいと決定された。そこでその候補者十一名も選ばれていた。

第一次日本南極地域観測隊を乗せた宗谷は、一九五六年十一月八日、東京晴海ふ頭を出港した。シンガポール、ケープタウンを経て、一九五七年一月七日、目的海域のエンダビーランド沖に到着した。

永田から直接聞いた話だが、氷が浮かぶ海に到着してから、隊長も船長とともにブリッジ（船橋）にとどまり、食事を運ばせて海況を見続け、大陸に接岸すべく水路を探しながら氷海に突入する水路を見続けたという。定着氷の中を南進しながら偵察した結果、一月二十五日、基地をリュツォ・ホルム湾入り口のオングル島にすると決定し、物資輸送の準備を開始した。

一月二十九日、現在は西オングル島の「昭和平」と呼ばれている地点で、隊長、船長、隊員、乗組員の多くが参加し、竹竿に日の丸を掲げ、上陸式を行い、オングル島に建設する基地を「昭和基地」と命名した。

二〇〇九年のある日、昭和基地で越冬している五十次隊の隊員から、突然、我が家に電話がかかってきた。その要旨は以下のごとくである。

「今昭和基地では、一次隊の上陸式を行った地点がどこかで議論が続いている。昭和平ということだが、西オングル島の地図で見ると大池の北である。ところが先生の本の昭和平は大池の東側である。そして五十次隊は先生の本が記す昭和平で竹竿を発見した。これは上陸式で日の丸を掲げた竹竿だと思う。先生が昭和平を示した地図は何を根拠にしているのですか」

という問い合わせであった。確かに私は拙著『南極情報一〇一』（岩波ジュニア新書、一九八三年）の昭和基地を描いた略図（一七一頁）で、西オングル島の東側に「昭和平」の地名を入れておいた。西オングル島の大池は昭和基地付近では最大の真水の池である。八次隊の越冬中、私はオーロラの観測で撮影した写真や、地震観測の記録フィルムなどといった、大量のフィルムや写真の現像が仕事の一つだった。現像にはきれいな水が欲しい。そのころの昭和基地では飲み水にも多少の塩分が含まれていたので、現像したフィルムや写真を水洗するために必要な真水を大池まで汲

出航する宗谷の船上から
手を振る観測隊員（撮影・唐鎌郁夫）

みに行っていた。

大池に行くときは必ず二人以上で行ったが、その中には一次隊で上陸式に参加した人もいて、昭和平付近で行った上陸式の話を聞いていた。当事者から直接聞いた話だから間違いないとは思ったが、改めて西オングル島の地図を調べてみた。確かに大池の北側に昭和平と記入されていた。ただしこれは地図への標記の仕方が悪いので、昭和平の地名は大池を含む、西オングル島北東端の平坦地一帯を命名したのである。従って発見された竹竿は一次隊の上陸式で日の丸を掲げた竿に間違いないだろうとの結論に達した。電話を受けて何となく思い出したのは、確かに昭和平のどこかに竹竿が転がっているのを見た記憶があったが、その時は測量か何かの目印に使った竹竿という認識しかなかった。

五十次隊には私の記憶すべてを伝え、彼らの発見した竹竿は一次隊が日の丸を掲げた竿に間違いないだろうと伝えた。たった竿一本の話であるが、そこには五十年の歴史が秘められており、あらためて往時をしのばせてくれた電話だった。

昭和平には大池があり、水を得るのに苦労することもなく、平坦地も広いが、一次隊の宗谷の位置からは、資材輸送に片道二キロ以上余計にかかる。当時はその余力もなかったので、上陸式を挙行した昭和平での基地建設は断念し、東オングル島の北の浦に建物を建てることにした。もちろん「北の浦」は後日、名付けられた地名である。

建物を建てることにした北の浦へは雪上車が数台のそりに資材を乗せ、海氷上をピストン輸送した。基地の心臓となる二〇〇キロだか三〇〇キロの重量の二〇キロボルトアンペア発電機を、観測隊員として参加していた富山県立山でガイドや強力《ごうりき》をしている山男四人がそりからおろし、海岸から担ぎ上げこれ以上は無理というところまで運び置いた。そこを発電機の設置場所として、用意したテント張りの発電棟を建設した。その発電棟の大きさは長さ一五メートル、幅四メートル、面積が六〇平方メートルであった。その西側に並ぶように、長さ八メートル、幅五メートルの木造パネルのプレハブ二棟が建てられた。必要な食料や観測機材も運ばれたので、この時点で越冬が可能と判断され、一次隊の越冬が決まった。

ところがその間にも隊の有志でもう一棟プレハブ建物を建設した。この建物を建てた一次隊の夏隊のメンバーは、少しでも良い条件で越冬させたいという気持ちの発露の結果だった。この建物を含め、建物の総床面積は二五〇平方メートルだった。その後この建物は地学棟、通称G棟と呼ばれ、私も八次隊の越冬ではこの建物に居住した。

二月十五日、十一名の越冬隊を残し、宗谷は昭和基地付近を離れたが、氷海に閉じ込められた（「ビセット」という）。悪天候の合間を縫って、海鷹丸からヘリコプターが飛来し、二次隊の準備に備え、場合によっては何人かの隊員を収容して帰国することが話し合われた。日本とのやり取りでは隊長は船にとどまるから二次隊の隊長の選考も必要と検討が重ねられた。そんななかで政府はアメリカとソ連に宗谷の救援を依頼していた。二月二十七日、宗谷周辺の氷状が好転し出したとき、ソ連のオビ号が到着しその後に続いて氷海を離脱し、外洋に出た。

越冬成立

この節は私の想像で書く。

日本の南極観測は計画の段階から、予備観測、本観測に分かれていた。IGYの本番とも呼べる一九五八年に、一年間しっかり観測をすれば所期の目的は達せられるという机上の考えである。そこには「人跡未踏の地に行く」ということは、表面上はともかく、実際にはほとんど考慮されていない。その典型例が、第一章ですでに述べたように、「南極観測であって探険ではない」という議論である。永田は立場上、このタテマエ論には従わざるを得なかったろう。ただ、可能ならば越冬をしてもよいという大枠を決められたことが、彼にとっての何よりの救いではなかっただろうか。

学究肌の永田に対し、副隊長の西堀は最先端の科学技術者だった。南極観測に参加するために、民間から京都大学の教授の地位に移っていた。南極観測隊員は全員国家公務員でなければならないというのが、当時のタテマエ論の一つであった。

西堀は旧制第三高等学校から京都大学に進んだ。在学中は山岳部に入部し、日本の山ばかりでなく中国大陸の山にも登っていた。一説にはその彼らが作詞して歌っていたのが「雪山賛歌」だという。三高の学生のとき、来日していたアインシュタインの観光案内をしたという。そのような経歴から、副隊長の西堀は南極観測隊の設営部門に多く参加している山好きな男たちのリーダー格でもあった。

南極観測隊員は観測部門と設営部門に大別される。南極観測の目的は科学観測と調査であるが、そのためには昭和基地で生活し、それぞれの設備を維持し、調査用の雪上車などを整備しなければならない。その支援グループの総称が設営である。観測部門の隊員の多くもまた山好きの人が選ばれていた。とにかく何が起こるか分からない大自然の中に入っていくのである。少しでも山の経験などがある人の方が隊員として望ましい。そして選ばれた隊員の多くの間で、本観測を成功させるためにも、予備観測でも越冬しなければという機運が盛り上がっていた。

西堀自身は日本出発前から、越冬をすることを前提に準備をしていたようだ。当然その気持ちは隊の行動を決める会議でも表現され、タテマエ論の永田とやり合うこともしばしばだったらしい。しかし、西堀のこの情熱が一次隊での越冬を可能にしたと考える。そして一次隊で越冬できたからこそ、ＩＧＹの本番で越冬できなくとも、その後、日本が南極観測を続けることができたのである。

私は八次隊で帰国した後、ＮＨＫのラジオ番組で西堀と対談した。南極の大先輩と直接話をするのは、初めてであった。いろいろな話の中で一次隊の苦労話を聞いた。昭和基地に残る石室の話も出た。基地の建物が並ぶ場所から一〇〇メートルほど離れた丘の斜面に、越冬が始まってすぐ石室を作ったという。居住する建物が火災になった時の避難場所に使うためである。一次隊でも観測用のカブース（そり付きの小屋）が火災になり焼失している。

西堀も若造の後輩に、懐かしそうにたくさんの話をしてくれた。最後に「南極観測にも君のような人材が育ってきたことが嬉しいよ」と言われ、たとえお世辞だったとしても嬉しかった。

西堀の口癖は「やってみなはれ」だった。若い隊員が何かをどうしたらよいか迷っているときは、必ずこの言葉をかけたという。技術者らしい言葉である。昭和基地は研究者や技術者が多い。何をするにもいろいろな意見が出る。しかしいくら議論しても始まらない。いざやってみて、うまくいかなければそこで考え直せばいいではないかというのが西堀の考え方だった。

昭和基地では「口を動かさず体を動かせ」が一つの格言になっている。

西堀の越冬生活は『南極越冬記』（岩波新書、一九五八年）にまとめられている。書中に西堀が述べている「ベンテンさん」と呼ばれた人形は、昭和基地が閉鎖された六次隊の時に廃棄されたと聞いていたが、私が越冬した八次隊の終わり、十二月ごろに雪の下から発見された。このときは昭和基地開設以来初めて大きな雪どけがあった。一次隊で連れて帰れなかった鎖に繋がれたままの犬の遺体も出てきた。そんな雪どけのために廃棄したつもりの人形も出てきたのであろう。その顚末は小説家・新田次郎の『氷葬』（『新田次郎全集』十四巻　新潮社、一九七五年）に詳しい。よく取材したように思える、ノンフィクション的な小説である。

宗谷時代——第一次隊から六次隊まで

宗谷は離岸したが、越冬隊の仕事は山積していた。四棟の建物以外は、運ばれてきた食料や資材、それに梱包を解いた廃材があちこちに置かれていた。彼らは廃材や空き箱を利用して、建物と建物をつなぐ通路を作った。ブリザードの時などはこの通路がなければ建物間の移動も危険になる、ドアを開ければ吹雪では部屋の暖房も効かない。通路の完成で、生活の目途が立った。風呂は発電棟内に設置されていたが、トイレはなかった。ブリザードに備え、テントを張った簡易トイレが作られていたが、ほとんどは一〇〇メートルほど離れた海岸のタイドクラックで大便を済ませていた。小便はドラム缶にじょうろのような口をつけ、それで済ませた。

越冬中は付近の調査を続けた。ペンギンやアザラシの調査、リュツォ・ホルム湾沿岸の調査などを、徒歩や人引きそり、雪上車などで行った。越冬中の調査旅行は主なものだけで十七回になるが、そのうち八回は犬ぞり旅行だった。犬ぞりでリュツォ・ホルム湾湾奥の露岩や、およそ一〇〇キロ以上離れたボッヌーテンまで出かけた。

一次隊ではカラフト犬は貴重な輸送手段であった。十九頭のカラフト犬が昭和基地に運ばれ、越冬中に三頭が死亡したが、八匹の子犬が産まれていた。

第二次観測隊を乗せた宗谷は一九五七年十月二十一日、東京日の出桟橋を出港した。十二月二十日、エンダビーランド沖に到着したが、悪天候にはばまれ、砕氷航行ができない日が続いた。一九五八年二月一日、宗谷はプロペラの一翼、四分の三程度を破損し、推力が格段に低下した。

ビセットされ続けていたので、アメリカに救援を依頼していたバートンアイランド号が二月七日に到着し、宗谷はその後に続いて氷海への進入を開始した。二月十日、小型航空機で昭和基地への物資輸送や人員の輸送を始めた。十四名程度を予定していた第二次越冬隊を七名にまで減らし三名は基地に入り、最後まで越冬を試みたが悪天候が続き「天は観測隊に味方せず」ついに断念した。

越冬を前提にしていたので、最後の隊員が基地を離れるときにも、十五頭のカラフト犬は綱につないだままだった。首にはそれぞれの名札をつけ、二次隊員が到着しても困らないようにしておいた。だが結果的には誰も基地に戻ることができず、犬たちを見殺しにすることになってしまった。タロとジロの二頭が生き延びてくれたが、最後まで越冬をめざしていた結果の悲劇であった。

第一次隊、第二次隊の経験から、宗谷から基地への物資輸送を雪上車による氷上輸送からヘリコプターによる空輸を主とすることに決め、宗谷にはヘリコプター用の甲板や格納庫が設けられた。この輸送方法の改善により三次隊では五一トンの荷物の搬入で十四名が越冬した。一次隊の荷物は建物を含め一五〇トンだった。三次隊では建物の類はなかったが、それにしても少ない物資での越冬生活だった。

三次隊でヘリコプターが到着すると、遙か彼方から二頭の犬が近づいてきた。真っ黒いその姿を覚えていた隊員が、「タロ」と呼ぶと尾を振り出した。もう一頭は足首が白いことから「ジロ」だと分かった。名前を呼ばれた二頭は少しずつ人間に近づきやがて飛びつき手をなめ始めたという。タロ、ジロの生存は日本に大きなニュースとして伝えられ、感動を呼んだ。一九八〇年代になって、カラフト犬の逸話は『南極物語』という題名で映画化された。

当時を知る隊員の話では、タロはがっしりした体型で、リーダー犬の素質があった。ジロとは兄弟であった。従って二頭は暴れて鎖から解放された後は、互いに助け合って生き延びたのだろうとのことだった。

四次隊では冷凍庫や居住棟などが増築され、昭和基地の総床面積は四〇〇平方メートルに増えた。続く五次隊でも越冬が実施され、第六次隊で昭和基地は閉鎖された。

第一次隊で宗谷が定着氷を割ってオングル島に近付き、必要な資材およそ一五〇トンを運び、昭和基地が建設され越冬できたのは、今にして思えば奇跡だった。付近の氷状は宗谷の数倍の砕氷能力を有する「しらせ」でも、昭和基地に接岸できない年があるほどのものである。前人未到の氷海に突入し、とにかく目的を達成できたという奇跡の背景には、戦火を潜り抜けてきた宗谷という船の「運の強さ」と、科学オリンピックを成功させようと後押しした国民一人一人の熱気があったとしか思えない。

四次隊越冬中の一九六〇年十月十七日、福島伸隊員の遭難死という悲劇はあったが、その教訓は後輩たちに引き継がれ、観測隊はその後、半世紀以上になる今日まで、南極での死亡事故を起こしていない。

福島隊員の遭難は、新田次郎により『非情のブリザード』（『新田次郎全集』十四巻新潮社、一九七五年）として小説にされている。当時の関係者の話では、観測隊員への直接の取材はなかったが、記者を通じて情報を得たようだ。なおその遺体は一九六八年二月、八次隊の帰国寸前に基地から四キロ離れた西オングル島の西端で発見された。

第一次隊から第六次隊までの南極観測を宗谷時代と呼ぶことにしている。宗谷時代の南極観測は気象、オーロラ、地震など限られた観測の継続と付近の調査だった。風呂こそ用意されていたが、満足なトイレもない昭和基地であった。逆に言えば吹雪の中の屋外でも平気で用を足せる神経の持ち主でないと、越冬は大変な時代であった。

ようやく人間らしい生活——新砕氷船「ふじ」建造の経緯と輸送能力の強化

日本の南極観測が第六次隊でいったん終了したのは、あくまでもＩＧＹのための臨時体制だったためである。南極観測の重要性は理解され、恒久体制を整えながら昭和基地再開へと準備がすすんだ。南極観測船として「ふじ」が建造され、ＳＣＡＲや外国の研究機関への対応機関として、国立科学博物館に極地課が設けられた。極地課は極地センターへと発展し、一九七三年に極地研究所の設立となる。

宗谷は海上保安庁の船であったが、ふじの運航は海上自衛隊によってなされるようになった。後日この理由を海上保安庁の知人にたずねたことがあった。砕氷船による南極観測のための輸送を担当するとなると、新砕氷船の運航だけでなく、ヘリコプターの運用能力を確保しなければならなかったが、当時の海上保安庁にはとてもその余力がなかったためであるという。海上保安庁は輸送部門より撤退し昭和基地での潮汐観測と付近海域の海図作成などの観測部門だけを残すという苦渋の決断を行った。ただその後の経緯を考えると、どんなに苦しくとも輸送部門も担当すべきであったとも言っていた。

新砕氷船の建造は、南極観測を担当する文部省（現文部科学省）が予算を獲得し、それを防衛庁（現防衛省）に移して行われた。輸送用の大型ヘリコプター二機も同じような予算の流れで購入された。一九六〇年代、自衛隊を批判する人が少なくなかった時代で、南極観測も「軍学共同」との非難を浴びた。しかし、当時はすでに南極条約で南極での活動は「平和目的の科学観測に限る」とされており、日本はその条約を遵守しているので、対外的には問題がなかった。

ふじは防衛庁所属の船であるため、庁内では「砕氷艦」と呼ばれていたようだが、観測隊では条約の趣旨に従い観測船、砕氷船と呼んでいた。排水量八五七〇トンのふじは、当時の防衛庁の艦船の中では群を抜いて大きかったと記憶している。

七次隊を乗せたふじは一九六五年十一月二十日、東京晴海ふ頭を出港、オーストラリアのフリマントルを経て十二月末に昭和基地沖に到着した。十二月三十一日に第一便のヘリコプターが飛び、昭和基地は再開された。すべての物資輸送を終了した後、ふじは空輸地点から南へと砕氷航行を続けた。そしてオングル島の一〇キロほど南で東に変針し、オングル海峡を北上し、西オングル島の昭和平を左舷に見ながら、東オングル島の北東端、見晴岩付近に到着した。観測船が初めて昭和基地に接岸したのである。しかも、ふじは南進しながらオングル島を通り越しはるか沖合で東へ、さらに北へと向きを変えて昭和基地に到着したのである。このように南極で、南から基地に近づいた船は初めてだろうと話題になった。

ふじが昭和基地に接岸可能になると、船から基地への資材輸送も楽になる。特にそれまでドラム缶で運んでいた燃料を、ふじのオイルタンクから昭和基地のタンクへパイプを通して直接送れるようになり、輸送効率が格段に改善されていった。

一九六六年二月一日には七次隊により越冬が始まった。ふじは宗谷の三倍以上、五〇〇〇トンの荷物を運べた。七次隊で昭和基地に水洗トイレが設置された。開発されたばかりの新幹線と同じ方式の水洗トイレであった。大きな水槽に水とともに消臭剤や消毒液を入れ、それらの水を循環させながら、汚物を流す。汚物もその水槽に溜まる。水洗の水はろ過装置を通すが、だんだん汚物が溜まってきたところで、その汚物をすべて海に捨て新しい水に入れ替える。この入れ替え作業が大変で、まだ慣れていないこともあり、七次隊では天気の悪い時以外は、なるべく外のトイレを使っていた。

外のトイレというのは宗谷時代に持ち込まれたそりの上に四部屋分の仕切りが作られ、屋根はなく、三方は板で囲まれているが、入り口の扉がないので、用足しは丸見えである。通称「吹上御殿」と呼ばれていた。このそりを海氷上のタイドクラックに置いておく。うまくクラックに落ちないで溜まる汚物もあるが、溜まったら、そりを動かせばよい。汚物は海に消えるか雪に覆われ分からなくなる。なお、水洗式のトイレの南極での導入は昭和基地が各国に先駆けていたと思う。

七次隊ではヒノキの風呂も設置された。八次隊からは新しいトイレをどんどん使い、週に二～三度、ヒノキ風呂も楽しめるようになった。

ふじの就航で大量の資材が運べるようになり、昭和基地は建設ラッシュの時代に入った。一六〇キロボルトアンペアとそれまでより遙かに大型の発電機が設置され、基地で使える電力量が増えたので、それに伴って数々の観測器械が使えるようになった。それは同時に発電に要する燃料も運ばねばならないことでもある。そして、個室が並ぶ居住棟、食堂やサロンのある食堂棟、それぞれの観測を行う気象棟、地学棟など目的別の建物が建てられていった。

私が八次隊での最初の越冬で居住したG棟は四〇平方メートルほどの木造パネルの建物の中に、ベニヤ板で仕切られた三平方メートルほどの個室が四部屋あり、残りの空間には観測器械が並んでいた。職場と居住が同じ建物であった。

八次隊から九次隊の大きな目的は、昭和基地から南極点まで、往復およそ五〇〇〇キロの極点旅行であった。これはいわば宗谷の時代から南極観測を支えてきた山男たちの悲願であった。この旅行に対する八次隊の役割は、旅行途中の何カ所かに雪上車用の燃料を入れたドラム缶を運ぶことだった。

そして九次隊では九名の隊員が参加し、この極点旅行を敢行、成功裏に終わった。最大の収穫は、南極の氷原で使える大型雪上車を開発できたことである。マイナス五〇度、標高四〇〇〇メートルと富士山より高く、空気の薄い自然環境でも使える雪上車ができたことで、日本隊は自信を持って内陸氷原の調査を行えるようになった。

ふじの時代になり、建設ラッシュが過ぎた二十次隊のころになると、職住は完全に切り離された。それぞれが自分の部屋から仕事場のある棟に通い、食事時には食堂棟に集まり、食事が終わればサロンでくつろぎ、夕食後にはバーが開店し、そこで好きな酒が自由に飲めるというような生活ができるようになった。

不思議に思われるかもしれないが、一次隊では昭和基地に冷凍庫がなかった。四次隊で冷凍庫が設置されたが、「南極だから冷凍庫は不要」と考えられていた。ところが冷凍食品はマイナス二〇度に保ってこそ、その品質が保証される。南極といえど夏季には気温がプラスになることもある。設置された冷凍庫が順調に作動するようになったのは八次隊からであった。以来、食事には美味な牛肉が供されることが多くなり、「昭和基地に行けばステーキがたらふく食べられる」と越冬隊員の食生活をうらやむ時代が到来した。

昭和基地の再開とともに、新しく大きな建物が次々に建設された。個室は広くなり、暖房も効き、まともにトイレも使え、かなり自由に風呂にも入れるよ

八次隊で越冬中、個室のベッドに座り折りたたみの机にむかう筆者

うになり、昭和基地の居住環境は大幅に改善された。昭和基地は地の果てに位置するものの、そこでの生活はようやく人間らしい生活ができるようになった。それとともに観測も充実していった。日本国内の観測所に勝るとも劣らないような観測機器がどんどん導入された。

ふじは一九八二年出港の二十四次隊を最後に退役した。現在は名古屋港に係留され南極博物館として余生を送っている。

近代化した昭和基地

一九八三年に出発した二十五次隊で新しい南極観測船「しらせ」が就航した。運べる荷物の量は一〇〇〇トンに倍増し、観測隊関係者も最大六十名が乗船できるようになった。しらせの就航によって日本隊の行動範囲が拡大し、昭和基地の西方六五〇キロに位置するセール・ロンダーネ山地の調査も可能となり、その前進基地として「あすか基地」が設けられた。みずほ基地に次ぐ第三の基地である。

昭和基地では再び建設ラッシュが始まった。宗谷時代の建物はほとんど撤去された。基地の中心に管理棟と呼ばれる三階建ての建物ができた。直方体ではなく二階部分が四方に出っ張りがあり、南極の各基地の中でも目立つ形の建物である。ただし、建物の表面積が大きく、熱効率が悪く暖房費がかかるだろうと余計な心配をしたくなる建物でもある。食堂を中心に隊長室、医務室、通信室、サロンなど基地の重要な機能が集中している。

居住棟も建て替えられた。二階建てで個室も一〇平方メートルと広くなり床暖房となった。二つの居住棟にそれぞれトイレや浴室も設けられた。女性専用のトイレや浴室もあり、越冬も可能になった。

一九八六年出港の二十八次隊に夏隊員として初めて日本女性が昭和基地を訪れた。それまでにも女性隊員の参加は、話題に上がった。女性自衛官に乗組員としてまず行ってもらったらどうかとか、女医さんに行ってもらったらどうかとの話が出ていた。しかし夏隊への参加は研究者だった。それ以後、女性の参加は珍しくなくなったが、初めての越冬は一九九七年出港の三十九次隊であった。三十九次隊では二名の女性が越冬したが、いずれも研究者であった。その後の女性の参加は研究者ばかりでなく、シェフや医師、隊の庶務という雑用全般の役割の職種にも女性隊員が進出している。

私自身はアメリカ隊やニュージーランド隊に参加して、

昭和基地の管理棟（撮影・大下和久）

南極での女性の活躍を見ているし、自身の青少年向けの本でも『女性が肉体労働をいとわず、男性も平気でそれを見ている日が来れば、昭和基地も女性の活躍の場となるでしょう』（前出『南極情報一〇一』）と書いている。

初めて女性隊員を参加させる件を検討する会議で、私が主張したのは二つあった。その一つは、しらせ乗組員を含め観測隊の人数は約二百人である。二百人の男の中に一人女性が入るのだが、そんな環境でも平気な女性はいるだろう。しかし、その一人の女性を気にしない男性二百人を揃えるのは不可能に近い。問題は男性側にあるということ。

その二は、男と女がいるのだから、たとえ妊娠したというようなことがあっても、ふしだらだとか不謹慎だとか非難すべきでないということである。

その一については、出席者は妙に納得したようだ。しかし、その二については、そんな発言をしては困るというような意見が出た。一九八〇年代後半とはいえ、南極観測にはまだ、隊員は選ばれた人たちである、だからそんなスキャンダラスなことは無いという「タテマエ」が横行していた。ただ、女性隊員の参加に大騒ぎしたのは、マスコミと男女共学を知らない世代の男性たちだった。

女性隊員の越冬が始まってしばらくして、週刊誌に昭和基地でのスキャンダルが報じられた。私は南極もとうとう一般社会と同じになったかと、当たり前のことだとも思ったが、一方でふじの時代を知る者の一人としては淋しい気分になった。しらせは二〇〇八年四月、四十九次夏隊の帰国とともに退役した。後継船ができないうちの退役であった。

後継船も「しらせ」と命名され、二〇〇九年十一月、五十一次隊を乗せ出港した。しらせは初代しらせをさらに改良して、文字通り世界最新の砕氷船として、南極観測を続けている。就航してすぐの五十四次、五十五次隊では、そのしらせでも昭和基地に接岸できなかった。そのため十分な資材補給、特にしらせのオイルタンクから昭和基地のタンクへ直接パイプで送る予定の燃料補給ができなかった。基地ではそれまで備蓄されていた燃料を使用してしのぎ、五十六次隊で、再び接岸できたので、不足していた燃料や資材の補給ができ、関係者は胸をなでおろした。

新しいしらせになってから、心配なことがある。しらせから昭和基地に荷物を運ぶ大型ヘリコプターが一機しか調達されていないのである。これまで昭和基地での航空機の運用は、特別の事情がない限り必ず二機体制であった。これは事故を想定してのことで、例えば一機がどこかに不時着しても、もう一機が救援に行けることが前提であった。このルールは観測隊側でも厳守した。航空機を使用してのプログラムがある隊では必ず二機を昭和基地に越冬させていた。ただ二十二次隊の時は例外で、二十一次隊の越冬中、海氷上に駐機していた航空機が、氷が割れて流されてしまった。一機は無事に回収できたが、もう一機は水没してしまった。急に隊の編成を変えることもできないので、例外的に一機体制で航空機を運用した。越冬中、私の責任で航空機を飛ばすことも多かったが、航空機が戻るまではひやひやの連続だった。

ところが二代目のしらせになってから、大型ヘリコプター一機の状態が続いている。幸いこれまで輸送の不便はあっても、大きな事故は起きていない。しかしこの異常状態は二〇一五年現在、解消される見込みは立っていない。国家事業を実施している以上は、国は安全を確保する義務がある。しらせの大型ヘリコプター二機体制は、その最低限の事柄だと思うのだが、痛痒を感じている人は多くなさそうだ。

世界最大級の砕氷船でも接岸できないことが起こるほど、昭和基地沖合の海氷状況は厳しいときがあり、これがまた南極の自然である。

しらせの時代になってから、昭和基地の居住環境は大きく進歩した。しかし、それだけ基地の設備は増え、限られた人数で基地の保守、点検から与えられたすべての観測を実施していかなければならないので、隊員の苦労は尽きない。基地の中は確かに近代化していても、一歩屋外に出れば宗谷時代と全く変わらない自然が待っている。常に危険と隣り合わせの自然環境であることには変わらない。

観測船とともに発展

日本の南極観測の発展、昭和基地の発展は、当然のことながら南極観測船とともに歩んできた。基準排水量二四九七トン、全長七八・三メートル、資材輸送能力一五〇トンの宗谷が、密群氷を突破し昭和基地を開設できたのは、すでに述べたように全国民の後押しが起こした奇跡であった。

IGYの本観測である二次隊は越冬を断念せざるを得なくなったが、その過程を伝える当時の新聞記事を読むと今でも一喜一憂する。十五頭のカラフト犬を置き去りにし、越冬断念という苦渋の決断に至る過程には胸が締めつけられる思いがする。本観測で越冬できなかったことから、国内の一部には南極観測の終結論もあったようだが、とにかく三次、四次、五次隊と越冬することができた宗谷時代があったからこそ、その後の南極観測の発展がもたらされたのである。

日本が貧乏国の時代であったにもかかわらず、IGYの南極観測への参加という国際貢献ができたことは、第二次大戦の敗戦国とはいえ、明治の文明開化以来、近代国家へと発展させた日本国民の矜持であった。

一次隊の予算はおよそ七億六千五百万円、このうち五億七千万円が海上輸送部門経費、つまり宗谷関係の予算であった。さらにその前年に宗谷の改修費に一億三千八百万円が計上されていたので、初年度の海上輸送費（宗谷の改修などの費用を含む）はおよそ七億円になる。一次隊の海上輸送部門の経費を除くすべての経費が一億九千二百万円であるから、南極観測の初年度の経費は八億九千万円となる。昭和基地の建設を含む観測関係の費用は、全体の二〇パーセント程度であった。当時の日本の国家予算は一兆円台だった。

南極観測再開をめざしたふじの建造は三年計画で実施され、およそ三十億円を要した。当時の国家予算は三兆円前後であった。

ふじは基準排水量五二五〇トン、全長一〇〇メートルで資材輸送能力は五〇〇トンになった。二機の大型ヘリコプターを有し、船と昭和基地の輸送に備えた、砕氷船であり、ヘリコプター母艦であり、輸送船であり、多くの海洋観測を実施する観測船でもあった。

七次隊がふじの最初の航海であったが、再開時の予算としては総額二十二億円、そのうちふじ関係の予算として防衛庁への予算が十八億円、従って再開に伴う諸経費を入れても観測隊の予算は全体の一八パーセント程度である。

ふじの二回目の航海になると観測船は修理費や維持費だけになるので、八次隊では三億六千万円で観測隊との経費の割合は、ほぼ半分半分である。

南極観測の経費で五〇パーセント以上が輸送費という事情は、どこの国でも同じである。大半の人員を航空機で輸送するアメリカの場合、南極観測に占める輸送費の割合はほとんど九〇パーセント台だと聞いた。

私に南極観測へ参加するかという打診があったのは、ふじが南極へ出発する一九六五年の春だった。大学院博士課程二年の終わりのころで、博士論文のデータ取得が一段落したときである。突然指導教官に呼ばれた。先生の部屋に行くと、そこには研究室の先輩で宗谷時代に南極観測に参加した方もおられた。先生の話は、日本の南極観測が再開する、同時に昭和基地の地震観測も世界標準地震計並みに充実させたいので、君は行く気がないかとの誘いであった。

世界標準地震計とは当時アメリカが、ソ連の地下核実験の探知のため、世界百二十四カ所に設置していた地震計のことである。地震の揺れはガタガタとユサユサに大別されるが、そのガタガタを精度よく記録するのが短周期地震計、ユサユサを記録するのが長周期地震計である。地面の動きは上下方向と水平方向に区別され、上下、東西、南北各方向の動きを記録するように三成分（三台）で一組の地震計とされた。そして長周期地震計はようやく実用化されつつあった地震計で、私はたまたま博士論文にそのデータを使っていた。そのため私は当時の地震研究者たちの間で、相対的に長周期地震計にもっとも精通していた部類に入る。そんな背景があるので、私に白羽の矢が立ったのだろう。

当時アメリカは世界標準地震計を日本に二カ所設置する予定になっていた。もちろん当時の私は南極のことはほとんど知識がなかったが、南極点基地やスコット基地に世界標準地震計が設置されたことは知っていた。

私は先生の話が終わるとすぐに「お願いします、行かせてください」と頼んだ。瞬間的に地球上で誰も足跡を印していない場所に行ける可能性が高く、夢が実現できると考えたのである。

先生の話では、私はあくまで再開二年目の八次隊の候補であるが、七次隊の候補が行けなくなった場合には、七次隊で行くこともありうると含みを持たせていた。七次隊で行くとなると書きかけの博士論文が、まとまらないうちに出発することになる。学位の提出が三〜四年は遅れるかもしれないが、夢の実現が先と考えた。

先生は急がなくてよいから、よく考えなさいと言われたが、私としてはもう行くつもりになり、だから何が何でも博士論文を仕上げねばと、努力した。後日、南極に行かせるということは、地震研究所の助手（現助教）に採用するということでもあるんだろうと友人から言われ、なるほどと気がつくほど、私は単純だった。学生の身分では南極には行けない。当然助手に採用してからの南極行きである。それは大学院修了後の就職も約束されたことだったと気がついたのは、南極から帰ってきてからのことである。

一九六五年十一月、ふじは七次隊を乗せ南極へと出発、昭和基地は再開された。そして私も一九六六年三月学位を取得でき、地震研究所の助手に採用された。そしてすぐ本格的に南極の準備を始めた。

一九六六年六月に正式に南極観測隊員に決まり、初めての総合訓練のときである。一緒に行く先輩から、オーロラや地磁気観測の準備はどうなっているかと聞かれて驚いた。それまで自分は地震観測だけをやればよいと理解していたが、実際は地球物理定常観測の担当で、その中には地震のほかに、オーロラの全天カメラ、地磁気の三成分や絶対磁気測定、海洋潮汐の四項目を担当することを知らされた。

これも後日永田から聞いたことであるが、地球物理定常という項目を決めたのは永田のほかに、当時の学術会議の地球物理関係の大御所二人での相談だった。そして隊員としては地震の研究者の多い東大地震研究所と地磁気観測も業務に入っている国土地理院から交互に出させればよいと決められていたようだ。そんな経過から七次隊では国土地理院から、八次隊では地震研究所の私が地球物理定常を担当することになったのだった。ただこの三人の大御所の話し合いが、地震研究所にどの程度正確に伝わっていたかは疑問で、後日、地球物理定常の担当隊員を選ぶのに、私が非常に苦労することになる。

これも後日談での確認であるが、一回目の航海のふじによる輸送が順調にいかなかった場合を想定して、二十四名の越冬隊を最悪八名にまで絞り込むことも考えられていた。その場合の観測項目は気象と地球物理で、とにかく私は昭和基地で越冬ができる場合には、真っ先に越冬するメンバーになっていた。

以後ふじはビセットされたり、スクリューを破損したりと悪戦苦闘する年もあったが、昭和基地の越冬は順調に推移し、南極点往復旅行も達成させた。基地の充実は観測内容を充実させるとともに、内陸の調査も着々と進んだ。

私が二回目の越冬から帰国したころには、ふじの代替船の計画は進んでいた。一九七九年から予算が付き始め、一九八〇年から一九八二年の三年間をかけ完成した。総額二五〇億円であった。当時の国家予算は約四十兆から五十兆円程度であった。新観測船は「しらせ」と命名され、基準排水量一万一六〇〇トン、全長一三四メートル、輸送能力は一〇〇〇トンとふじの倍になっていた。

航続距離も伸び、日本隊の調査地域は西に拡大し、セールロンダーネ山地の調査も行われた。昭和基地の建物がより一層充実し、女性の越冬も可能になった。

しらせの耐用年数は二十五年という一つの目標のもとで、新しい観測船の建造が始まったが、結局二十五年目の四十九次隊を最後にしらせは退役した。五十次隊ではかつてしらせが救助したオーストラリアの「オーロラ・オーストラリス」をチャーターして、必要最小限度の人員と資材を運び、四十九次隊を収容した。

私はアメリカのバートンアイランド号の例などから、一年ぐらいは余計に南極行をしても良いのではと提案したが、検討の余地はなかったようだ。新砕氷船は五年間に予算を配分し、完成し五十一次隊から就航した。船名は再び「しらせ」となった。基準排水量一万二五〇〇トン、全長一三八メートル、輸送力は初代と同じ一〇〇〇トンで建造費は三百七十六億円であった。国家予算は八十兆円台になっていた。コンテナを使い昭和基地への輸送の利便性は向上したが、それはあくまでも船が昭和基地近くに接岸できることが前提の計画だった。

二代目しらせ就航後まもなくの二〇一一年（五十四次隊）、二〇一三年（五十五次隊）では接岸できなかった。接岸ができないと、コンテナに入っている荷物を引っ張り出し、ヘリコプターに積み替えるという余計な手間がかかる。また燃料補給の点でも船から基地のタンクへのパイプ輸送もできなくなるという弱点が出た。

船首から海水を放水し氷の上に積もった雪を取り除く装置も、期待通りの成果は得られず、ほとんど使われなくなっているようだ。初代しらせに比べて、約百億円建造費が高くなっており、そのかなりは最新鋭の技術が投入されたからという説明であったが、必ずしもその能力は発揮されていないようだ。

二代目しらせが、二年続けて昭和基地に接岸できなかった現実を見ると、改めて南極の自然の厳しさ、リュツォ・ホルム湾の立地条件の悪さを思い知らされた。

昭和基地の役割

南極観測船宗谷がビセットされたことやタロ、ジロを知る世代の人びとから、「南極観測はまだやっているんですか」と質問され驚くことがある。その質問者が国会議員であったりすると悲しくなる。

日本の南極観測は半世紀以上継続され、還暦を迎えるし、またこれからも続けるべきである。一九九〇年の湾岸戦争以来「国際貢献」という言葉を耳にするが、南極観測は日本が貧乏な時代から続けている立派な国際貢献である。

「継続は力なり」というが、昭和基地での観測を中心として、日本の南極観測で得られた知見は人類共通の財産となり、世界に貢献している。

観測開始から何年たっても、昭和基地には次の三つの役割がある。

一、地球上の一観測点
二、南極特有の現象の研究拠点
三、内陸調査の拠点

である。

第一の役割は気象、地震、地磁気など国際地球観測年以来、脈々と続く定常的な観測である。近年はモニタリング観測とも呼ばれるが、地球上の一観測点として、データを採り続けている。昭和基地のデータだけでは大きな成果は期待できないが、他の地域のデータとともに使うことによって、例えば正確な天気図が描ける、地震の震源が精度よく決まるなどの効果が出てくる。それによって、より精度の高い天気予報が出せるようになったり、地震の発生プロセスの研究が進むなど、人類への貢献がなされる。

このような観測は、いくら人類へ貢献すると強調しても、目先の利益につながらないので、一般的には国民の理解は得られにくい。しかし、日本から一万四〇〇〇キロも離れた南の果てで大金を投じてまで、このような観測をする必要性を理解し、実行するにはそれだけの文明度と国力が必要である。日本はそれだけの力を有しており、今後も持ち続けて欲しい。観測データを採りつづけ、国際機関に提供するだけでも、国際社会、人類への貢献となるのが、この役割の特徴である。

第二の役割は日本では観測できない現象、オーロラや氷河、あるいはペンギンなど南極特有の現象の観測、調査、研究の拠点である。オーロラ観測のために昭和基地には数多くのアンテナが設置され、世界でも最高水準の設備を使って日夜観測が続けられている。これらの観測データを有効に活用し、研究成果を上げることができるか否かは、当事者たちの能力と努力にかかっている。この点が同じように観測していても、第一の役割と異なる点である。

昭和基地の南に広がる氷原は「みずほ高原」と命名されている。そのみずほ高原を中心にした、氷床の観測、隕石探査などこれまでにも多くの調査、研究がなされてきた。それらはいずれも昭和基地で越冬していて、内陸旅行が可能になる南極の春から夏に調査旅行を開始する、あるいは資材を送り出すなどいろいろな形で調査、観測、研究がおこなわれている。昭和基地の第三の役割である。

この役割では、すでに隕石探査や「ドームふじ基地」での氷床の深層掘削などいくつかの成果が得られている。この第三の役割でも当事者の努力次第で成果が異なってくる。

いずれの役割にしても、日本の研究者にとっては昭和基地の存在なくしては語れな

Column ▼ ペンギン

ペンギンは南極のシンボル的動物である。南半球だけに十七種（研究者によっては亜種を入れて十八種）が生息している。このうち亜南極圏も含め、南極にいるペンギンは七種（亜種を入れると八種）で、昭和基地をはじめとする南極大陸周辺にはコウテイペンギンとアデリーペンギンの二種だけがいる。

コウテイペンギンは最大の種で、体長一二〇センチ、体重四五キログラムになる。氷山のかげの定着氷上にルッカリー（集団営巣地）を形成し、約二カ月間の抱卵後、七月から八月にヒナが孵る。親鳥が餌を採るのに

も苦労する南極の厳冬期に繁殖し、子育てをする、地球上でもっとも過酷な自然の条件下で生き抜いている動物である。昭和基地にもときどき姿を見せる。

　昭和基地付近でよく見られるのがアデリーペンギンである。体長七五センチ、体重六キログラムにまで成長する。昭和基地周辺にもルッカリーがあり、毎年同じ場所に同じ個体が帰ってくることが確認されている。

昭和基地を訪れたアデリーペンギンの群れ

　十月下旬になると海氷上に、北からのこのこやってくるアデリーペンギンの姿が見られるようになる。越冬隊員にとっては「春を告げる鳥」である。ルッカリーでは産卵後、およそ五週間の抱卵で、十二月下旬には孵化が始まる。

　ヒナの成長は早く三週間もすると体重は孵化したときの十倍になる。そのころになるとヒナだけが集まるクレーシュ（託児所）を形成する。まとまることにより、天敵のオオトウゾクカモメからの攻撃を防ぐのである。

　親鳥は海中に潜っては餌を採り、ルッカリーのクレーシュへ戻り、自分のヒナに餌を与える。ヒナは自分の親が識別できるらしく、ほかの親鳥が来ても餌はねだらないようだ。二月にはヒナは羽毛が生え代わり、灰色の産毛から親鳥と同じ白と黒の燕尾服になり、二月下旬から三月に北の海へと戻ってゆく。そこでの生活はまだ謎である。

いことである。近年は科学の分野でも一つの研究プログラムが開始されると、数年ですぐ成果が求められる。従って、国内の研究でもコンピュータの前に座り、手に入り易いデータを使って一つの結論をうまくまとめあげるような研究志向の若手研究者が増えている。得られたデータはどんな機器でどのようにして観測しているかなどはブラックボックスである。そのブラックボックスに気が付く研究者はまだしも、そんなことも考えもせず、結果を発表して評価を得ようとしている研究者が多い。その結果は事の本質には迫らない、浅薄な研究成果が多くなってしまう。このような現在の風潮は、日本の科学界にとっても好ましい事ではない。

南極は、そこで生活するだけでも大変である。単純に比較はできないが、同じ観測を中・低緯度の地域で行うのに比べ、昭和基地では少なくとも二〜三倍の労力がかかる。昭和基地はそんな環境の中で維持されてきたし、これからも維持されるのである。

多様化した南極へのアプローチ

日本南極地域観測隊の宗谷、ふじの時代には、東京港を出港し、昭和基地に越冬隊を残し、そして前年の越冬隊を収容し帰国の途に就く。越冬隊は途中の港で下船し、民間の航空機で帰国する。夏隊だけが、そのまま東京に帰港というのが一般的な旅程であった。

しかし、しらせの就航とともに事情は変わってきた。航続距離が長くなったしらせの時代に入ると、寄港地は往路はオーストラリア西岸のフリーマントル、復路は東岸のシドニーとなった。そして、原則として夏隊、越冬隊ともにオーストラリアまでは空路で行き、しらせに乗船、帰国も全員がシドニーで下船となった。

南極をとりまく輸送事情は変わってきた。アメリカやニュージーランドは南極観測の初期の時代から人員輸送は航空機が基本であった。南極半島先端付近、キングジョージ島にあるチリのマーシュ基地は長さ一三〇〇メートルの滑走路を有し、国際空港として認められている。自家用機で南極観光をする人も利用している。チリはもちろんブラジルやペルーなどもこの空港を利用し、人員輸送を行っている。

二一世紀に入ってからは、昭和基地の西側、南アフリカのサナエ基地、ドイツのノイマイヤ基地、ベルギーのトロール基地、ロシアのノボラザレフスカヤ基地などの協力により航空路が開設されている。南アフリカ南端のケープタウンからサナエ基地、トロール基地、ノボラザレフスカヤ基地などを経由して、昭和基地まで航空機で行くことも可能になった。

二〇一四年十一月に出発した五十六次隊の夏隊二十四名は、十一月二十二日に日本を出発し、翌年三月十八日に帰国した。出発から帰国まで百十七日である。同じく五十六次隊の夏隊のセール・ロンダーネ山地調査隊四名は本隊より一日遅く、十一月二十三日に日本を出発、同じ年の十二月二十四日に帰国した。約一ヵ月の行程である。期間が短くなった分、大学の教授職のように、長期不在ができない職種の人も参加が可能になった。

南アフリカから空路トロール基地に入り、そこからスノーモービルでセール・ロンダーネ山地に到着し目的の測定、調査を実施し、同じ空路を戻った。宗谷、ふじの時代には考えられない効率の良さで、目的を達成している。

近年は昭和基地への隊員のほか海洋観測専門のチームが東京海洋大学の「海鷹丸」で海洋観測をするようになった。第五十六次隊の場合、夏隊の海鷹丸に乗船する十一名は二〇一五年一月六日に出発、フリマントルで海鷹丸に乗船、東経一一〇度線に沿って南極圏付近まで南下しつつ観測を実施、さらに東へ航行し、オーストラリアのホバートに帰港、二月九日に日本に帰国した。やはり約一ヵ月の行程で目的を達している。日本の南極観測の形態も時代とともに大きく変化している。

国際協力

南極は国際協力の場である。

私は国際共同プログラムで十回以上アメリカのマクマード基地やニュージーランドのスコット基地に滞在した。アメリカ人以上にマクマード基地を知っているので、仲間のオーストラリア人などから「ミスターマクマード」と呼ばれていた。参加したのはドライバレーという南極一の無雪地帯の成因を探るための掘削、マクマード入江の掘削などであるが、もっとも力を入れたのは、自分自身が企画してプログラムを立ち上げた活火山エレバスの観測であった。

アメリカの火山地質学者、ニュージーランドの地球物理学者らと共同して、エレバス火山山体にもっとも多いときで十カ所に地震計を配置し、火口縁には噴火を捉える監視カメラを設置した。記録は現地で記録するとともに、無線でスコット基地に送った。これによって噴火に伴って起こる地震と噴火の爆発との関係をリアルタイムで捉えることも可能になった。

これらの観測は現在の日本では火山観測として当たり前の事であるが、一九八〇年代にはほとんど行われていなかった。当時、火山噴火予知連絡会の会長をしていた永田が日本の火山学者に対し、「神沼が南極でやっていることを日本でなぜできないのか」と叱咤激励していた。

エレバス山の山体に設置した地震計は、同時に設置した記録計に、ソーラーパネルのバッテリーで電力を供給し、現場で記録するとともに、年間を通じてリアルタイムでスコット基地やマクマード基地に送った。日本ではまだこのような観測にソーラーパネルは使われていなかった時代であった。この地域は四月末から八月末まで太陽が

Column ▼ 極夜と白夜

極地で太陽が出ない季節を極夜と呼ぶ。南極点では極夜がほぼ半年続くが、緯度の低い昭和基地では六月一日ごろ太陽が沈み、七月中旬に現れるまでの約一カ月半が極夜の季節になる。極夜の季節になれば南極点では全く明るくならないが、昭和基地では昼の十二時前後二〜三時間は薄明である。日本の夏至、南半球の冬至のころでも、昼の十二時前後には屋外で新聞が読める程度の明るさはある。

ちなみに南半球の冬至、つまり六月二十一日ごろを「ミッドウインター」と呼び、南極のすべての基地で祭りが開かれる。基地同士でのメッセージの交換も行われ、イギリスのエリザベス女王や各国大統領からのメッセージが昭和基地に届いたこともあった。

昭和基地では十二月一日ごろから一月中旬まで、太陽が沈まない「夜の無い季節」になる。このころ昭和基地では真夜中の太陽は南の地平線上に輝いている。十八時ごろから六時ごろまでの太陽は西から南、そして東へと動いてゆく。西から東への太陽の動きは日本では見られない。この沈まない太陽の見られる北半球の地域では「真夜中の太陽」を観光の一つとして宣伝している。

この「夜の無い季節」のことを白夜（ハクヤあるいはビャクヤ）と呼ぶ人がいるが、正しい使い方ではない。太陽が出ている間は夜ではない。

白夜は太陽が水平線

昭和基地の転がる太陽。五月下旬、北水平線方向、十分ごとに撮影

や地平線の下に沈んでいても、薄明で夜中でも空が明るいまたは暗くならないことを指す。高緯度の地域になると夜中の十二時でも薄明が続くので白夜と呼ばれる。

出ない極夜の季節である。蓄えられていた電気も六月にはなくなり、記録が採れなくなるが、太陽が現れ、充電が始まると再び記録が採れるようになった。

約十年間の観測で幸運だったのは、一九八四年十月に大きな噴火が起こったことである。ちょうど夜の季節が終わり、記録が取れ始めていた時期だった。そのためエレバス山の火山活動サイクルを観測することができ、その推移が明らかになった。日本であれば噴火予測ができるだけの成果が得られた。

外国との共同研究は研究者同士が互いに観測プログラムを作り、自国で予算を獲得して、共同で観測や調査をする。日本の場合は外国人にとってアプローチの難しい昭和基地よりも、夏の野外シーズンは定期航空路が開かれているアメリカやニュージーランドとの共同研究、あるいは定期航空路を利用して南極点をはじめとする内陸氷原まで調査域を拡大することが多い。南極点から日本のドームふじ基地まで小型航空機で飛んで観測をした例もある。

南極半島付近は南極の中では動物相、植物相が豊富な領域である。南アメリカ最南端からは一〇〇〇キロと南極大陸の中ではもっとも近い距離にあり、アプローチも容易なので生物の研究者にとっては良いフィールドで共同研究がなされている。

このように数は多くはないが日本人研究者にとって、昭和基地以外でも研究の場は確保されている。

第三章　南極観測の成果

「極地の専門家が育った」

明治時代の白瀬南極探険隊の時はもちろん、国際地球観測年の昭和に入っても、日本には南極や北極に関して十分な知識のある専門家と呼べる人材はいなかった。南極に関しては捕鯨船の船長から、わずかな情報が入っていた程度である。

ＩＧＹ以来、半世紀以上が経過し、日本の南極観測ではどんな成果が出ているのだろうか。その物差しはいろいろあるが、各分野で観測、研究をしているのだから、それぞれに学問的な進歩があったことは言うまでもない。しかし、日本にとってもっとも大切なことは、南極や北極について十分な知識、経験、見識のある専門家が育ったことである。

今や南極はかつての未知の大陸ではなく、多くの国があわよくばそこに潜在する富に対する利権を得ようと狙っている大陸である。もちろん現在、南極のすべての資源、特に地下資源は一九九八年に発効した「環境保護に関する南極条約議定書」によって、当面は五十年間保護されている。その期限がくれば、南極の地下資源の利用に関する議論が活発になされるだろう。

一九八五年九月、私は『南極の現場から』(新潮選書)を上梓した。『東京新聞』の読書欄に科学評論家の岡部昭彦による「政治的パラダイス」というタイトルの書評が掲載された(一九八五年十月十一日)。その骨子は以下の通りである。

「(前略)その論文は創見にみちみちたものである。それまでの時代の軸は東西の緯度方向に走っていたのに対し、現代に軸が南北に走る傾向をいち早く読みとっていたのだ。三〇年前のことであり、この文明論には極地が正面きって登場した。

翌年には国際地球観測年に備えて日本から南極予備観測隊が出発する。以後、三〇年に及ぶ地道な科学観測は従来の南極像を一変した。やがて極地研究所ができ、南極学とでも呼ぶべき科学が根を下ろし、その中から本書の著者のような本格的極地学者が育つに至る。借りものでない新しいスタイルの内容に、ある種の感慨を覚えずにはおれない。

著者は、南極を別世界ではない、地球上の一地域として描き出すことを貫く。そして宇宙的スケールで南極を位置づける試みは、類書にない特色として読者をはなさない。その広い視野と豊かな解説は南極と北極の対比、生物、地球上の真水の九〇パーセントを占める氷に注がれる。また国際地球観測年の成果から、オーロラや、著者も活躍した地震の発見に力点がおかれる。

中で面白いのは、人間臭く国際色の濃い「南極と人間」である。顔を合わせても挨拶（あいさつ）のできない人は南極向きではないとし、日常の水の使用量に文明度を見、食生活や外国の女性隊員にも目が向けられる等々（後略）」（原文のまま）。

私にとっては過分の書評であるが、極地の専門家が育ったという評はうれしい限りであった。第三者に評価されるようになるまで、南極観測開始から三十年を要し、私自身が南極に関与するようになってから十数年が経過していたころである。国家が人を育てるにはやはりそれだけの年月が必要なのだろう。

南極に関し地下資源を含め今後、国際社会でどのような議論が展開されようと、日本ではそれに対応できるだけの人材が育ってきている。この点が日本の南極観測の最大の成果と強く指摘しておく。

昭和基地はオーロラ観測の最適地

南極観測に参加を決めた当時、日本にはオーロラの研究者は一人もいなかった。オーロラはローマ神話では「暁の女神」で、光の現象である。だから暗くなる夜とか高緯度地域では昼も暗い季節に現れる現象と考えられていた。ただ、地球の磁場に関係ある現象らしいことも分かっていた。

ＩＧＹ以来、オーロラの研究は急速に発展した。その学問分野はそれまでの地球物理学の一部から独立して超高層物理学と呼ばれるようになった。現在では日本でも超高層物理学の研究者は数百人ほどが育ってきている。

オーロラは南極や北極、つまり極地で見られる現象であるが、極地ならどこでも同じように見られるわけではない。「オーロラ楕円帯」と呼ばれる特別な地域に高い頻度で出現する。磁軸極を中心に、太陽に面した昼間側では角距離にして一二～一三度（一四〇〇～一五〇〇キロ）、地磁気緯度で七七～七八度、反対側の夜側では二〇～二二度（二二〇〇～二五〇〇キロ）離れた地磁気緯度六八～七〇度の楕円形の地域が、オーロラの出現頻度が高く、オーロラ楕円帯と呼ばれる。このオーロラ楕円帯の下を地球は一日に一回転している。

オーロラの活動が活発なときは、オーロラ楕円帯は低緯度まで広がる。日本でも奈良時代からオーロラの出現記録があるが、それはオーロラ楕円帯が低緯度まで拡大したときである。従って、南極でもどこでも見られるわけではなく、オーロラ楕円帯の外側の領域では、オーロラの出現頻度が低くなる。全く現れないわけではないが活発に動くオーロラは珍しくなる。

南極点はオーロラ楕円帯の外側に位置する。アメリカのアムンセン・スコット南極点基地を訪れたとき、そこで越冬した隊員がオーロラは素晴らしかったと自分の撮影した写真を見せてくれた。適当に相づちを打っておいたが、昭和基地でオーロラを見ている私には、正直物足りないオーロラだった。

昭和基地の地磁気緯度は六七度で、南磁軸極から二三度離れているが、オーロラ楕円帯のほぼ直下にあり、オーロラを観測するには非常に良い位置である。南極観測への参加が決まり基地候補地を検討していたころ、昭和基地がデータ上オーロラが出現しやすい位置にあるということはそれとなく示されていた。しかし、その後の各国科学者たちの観測・研究の積み重ねからオーロラ楕円帯の存在が明らかになり、昭和基地がその直下に位置していたというのは、日本隊にとって幸運だった。これも条件の悪い中で、第一次隊が昭和基地を建設したという奇跡が、この幸運を呼んだといえる。

オーロラは高度九〇～一二〇キロの電離層で発生する。太陽から飛来する粒子が、電離層にある希薄な大気と衝突して発光するのがオーロラである。飛来する粒子は電気を帯びた陽子や電子で、荷電粒子、プラズマさらにはオーロラ粒子と呼ばれる。オーロラ粒子は秒速数百キロの高速で太陽から吹き出されるので、その流れを太陽風と呼ぶ。

オーロラは地球の南北を結ぶ磁力線に沿って地球表面に突入したオーロラ粒子が、大気と衝突し発光する電磁現象であることが明らかになったのも、IGY以来、南極や北極での観測を続けた成果である。地球の南と北を結ぶ磁力線に沿ってくるので、磁力線の集中する北極や南極でオーロラの出現頻度が高いのである。太陽風がオーロラを発光させる源であることが分かったのも同じように国際観測の結果である。

オーロラ粒子は磁力線に沿って地球に突入し電離層で発光するが、その光が見られるのはオーロラ楕円帯の夜側だけである。南極だけでなく北極の夜側でも同じようにオーロラが光っている。しかし、夜側でオーロラが出現しているときは、昼間側でも同じような発光現象が出現しているはずであるが、これは明るくて見ることはできない。電磁現象を観測する器械には、夜側と同じような現象が記録される。このように目に見えないオーロラをラジオオーロラと呼ぶ。

昭和基地に着いた隊員たちは、何かと忙しい。食事の後などでくつろいでいると、オーロラ専門の隊員が「今オーロラが出ている」という。くつろいでいた隊員は急いで外に飛び出しオーロラを見ようとする。しかしそこには明るい太陽が輝いているだけである。飛び出した隊員は「嘘つき」と怒るが、ラジオオーロラは出ているので、まぎれもなくオーロラ現象は出現しているのである。ただ光の現象として見えないだけである。こんなジョークの繰り返しで、昭和基地で越冬する隊員はオーロラへの知識を深めていく。

磁力線に沿ってオーロラ粒子が地球表面に突入してくるので、南極と北極に同じように降り注ぎ、オーロラが出現しているはずである。これを調べるためには、地磁気経度が同じで、地磁気緯度が南北逆の二つの観測点で同時に観測すればよい。このような南北二つの観測点を「共役点」という。

昭和基地の共役点はアイスランドのフッサフエルであった。日本の極地研究所はアイスランド大学と協力し、フッサフエルにオーロラ観測点を設け同じような観測を行った。その結果、予想通り南極と北極で同じようなオーロラが出現していることが明らかになった。

南極では多くの基地でオーロラ観測を実施している。しかし、昭和基地のようにオーロラ楕円帯の直下にあり、しかも同じく北半球のオーロラ楕円帯の直下にあるフッサフエルと共役点という好条件の基地は、他には見当たらない。これも昭和基地を現在の位置に建設できた幸運からきている。

南極観測を積み重ねて、ＩＧＹが始まった時は一人もいなかった日本のオーロラ研究者は、数百人に増えた。南極ばかりでなく北極圏にある国々と協力しているオーロラ研究者もいる。日本は世界でも有数の超高層物理学の先進国となった。

私は八次隊の越冬でオーロラの全天カメラ、スチール写真、目視観測も担当した。専門ではないので出発前にいろいろ講習を受けた。その時の私の仕事はオーロラのほかに地磁気観測、地震観測、潮汐の観測があった。地震は専門なので観測のポイントさえはずさなければ、適当にできる。しかし専門外の他の三項目は、手抜きをしてよいポイントも分からず、また観測を依頼する方は万全を期すよう、いろいろ要求する。その中でも三月から十月まではオーロラ観測に一番力を入れざるを得なかった。

約六カ月間でオーロラのスチール写真はモノクローム三千~四千枚、カラースライド千コマを撮った。本当かどうか知らないが、当時「君が日本で一番オーロラの写真を撮った人だ」とお世辞ともおだての言葉ともつかない評価をもらった。

現代のデジタルカメラについては全く知らないが、フィルムカメラの時代は越冬用のカメラはすべて耐寒処理をすることを勧められた。「油抜き」と称せられた耐寒処理は、カメラを駆動させるために使われているすべてのオイルを、低温でも作動するオイルと交換したのである。新しいカメラを購入しても、国内仕様だとマイナス二〇度になるとシャッターに不具合が生ずる。私は新品の一眼レフを購入し南極に行った。油抜きはしていったが、それでもマイナス三五度になるとシャッターは切れなかった。

私にオーロラ撮影用に与えられたカメラはさすがに当時の最高の機種だった。マイナス五〇度でも大丈夫といわれていたので、最低気温がマイナス四〇度台の昭和基地では、カメラそのものの故障はなかったが、フィルムが固くなり、巻き上げるときにスプロケットが切れて、巻き上げ不能となることがあった。これは慣れると注意するので、大きな問題ではなかった。

昭和基地のカーテン状オーロラ

オーロラのスチール写真を撮るためには、オーロラの出現前から屋外で待ち構える必要がある。もちろん記録計を見ていて、オーロラが出現しそうになったら外に出ればよいのだが、それでは最初の部分の活動は見逃してしまう。そこで出現前から屋外での待機となる。オーロラを撮影しようとする日は、かなり天気の良い日である。オーロラ撮影のため昭和基地の窓はすべてカーテンで閉じられており、外に光が漏れない。従って美しい満天の星空を見ながら、マイナス一五度からマイナス二〇度、時にはマイナス三〇度の世界にたたずむことになる。

八次隊では二匹のハスキー犬がいた。その犬たちが繋いである附近が私のオーロラ撮影場所だった。夜中に出てゆくとそれまで眠っていた犬たちが起き上がり、じゃれついてくる。犬の相手をしながらオーロラの出現を待つことがたびたびあった。オーロラが出現すると、次々に写真を撮ることになる。当時はフィルムなので多くても一巻三十六枚である。カラー用、モノクロ用二台のカメラを三脚につけ、保温用に自分で作った毛布のカバーをかけておく。

問題は露出時間である。まず絞りは最初から開放にしておく。オーロラの強さによりシャッタースピードを調整する。最初のころは話では聞いていても、なかなか適正露出での撮影ができなかったが、一カ月ほどたった四月ごろからは鮮明な写真が撮れるようになった。

真っ暗な中では時計を見ることもできない。そこで経験者から教わったのは「歌で露出時間を決めろ」ということであった。私にとっては露出時間を決めるのに一番良い歌は軍歌だった。

「勝ってくるぞと勇ましく、ちか…」でレリーズをプッシュすると露出時間は五秒である。そしてすぐフィルムを巻き上げる。冷えているフィルムは強く巻き上げると切れてしまうので、気はせいてもゆっくり巻き上げ、また同じことを繰り返す。

弱いオーロラの時は「…誓って国を出たからは、手柄…」プシュで露出時間十秒になる。このような調子でスチール写真を撮影した。連続撮影しても三十六〜三十七枚程度であったが、帰国後ＮＨＫがテレビニュースで私の撮影した連続写真から動画を作り放映した。当時の担当者は、オーロラの動きを放映したのは初めてだと言っていた。

現在はデジタルカメラ全盛時代である。枚数を気にせず何枚でも撮れる。守旧派の私はバッテリーで作動するデジカメが、南極で通用するか疑問に思っていた。この疑問に答えてくれたのが、南極観測五十年を記念して二〇〇四年の四十五次隊の越冬に参加した朝日新聞のカメラマンであった。彼が撮影した数々の写真は見るものに感動を与えてくれた。多分現在は南極に行く人でフィルムカメラを持参する人はいないだろう。

南極で海面変動が分かる基地

地球上ではおよそ二万年から一万八千年前に氷期が終わった。それ以来、現在までも南極大陸は厚い氷に覆われたままであるが、その氷は氷期よりはずいぶん少なくなっている。氷期では現在の海岸線よりも五〇キロぐらい沖まで氷が張りつめていたと推定される。その証拠として大陸縁の海岸には隆起汀線と呼ばれる汀の跡がいたるところに見られる。

氷期が終わると南極大陸でも氷がとけだし、少しずつ岩盤が露出してきた。海岸に面した露岩では波の影響で狭いながらも砂浜ができたり、海面変化で生じた水平の線が残されたりしている。もちろん大陸周縁の海は氷が張りつめているが、夏期には海氷がとけ、小さくとも海水面が出現する。そして何百年もかけて現在の海岸地形が形成されていった。水平に残された昔の海岸線を隆起汀線と呼ぶ。昭和基地付近のもっとも高い隆起汀線は、現在の海面から二〇メートルぐらいの高さである。この高さは南極大陸周縁のどの海岸でもほとんど同じである。

南極大陸の沿岸域は氷期が終わってからの一万数千年の間に、およそ二〇メートル隆起したことになる。その隆起は現在も続いているはずだ。このような陸地の隆起は一般に海面変動として観測する。陸地は動かないと仮定して、海面が上がったか下がったかを見るのである。陸上のある地点を基準として、海面がその基準点から下がっているか、上がっているかを記録していく。このような観測器械を検潮儀とか潮位計と呼ぶ。

もちろん検潮儀で観測できるのは海面と基準点の相対的な動きである。基準点から海面が下がれば、陸地が上昇しているのかもしれない。海面変動の数値は地球規模の現象であるから、地球上のあちこちに点在する検潮儀のデータから決定される。また検潮儀のデータには潮の干満、気圧や海水温の変化による海面の変動など、いろいろな要素の変化も記録されている。これらの要素をすべて取り除いて、なお変化があればそれは陸地の上下変動と考えられる。

昭和基地では一九六六年に検潮儀が設置されて以来、今日まで観測が継続されている。途中、観測器械にはいろいろなトラブルもあったが、現在では陸地が上昇していると確信できるデータが得られてきている。その傾向は隆起汀線に代表される地形データとも調和する。そこで、もし陸地が隆起しているのなら、昭和基地で同時に観測している重力計にも記録されるはずである。地球の中心から重力計を設置している点までの距離が少しずつでも遠くなっているはずだ。すると重力値は陸地が上昇した分だけ小さくなると予測される。昭和基地には絶対重力計という重力の絶対値を測定する重力計と、超伝導重力計という相対的な変化ながら、重力変化を高精度で測定する重力計が設置されている。それらの重力計に重力が減少している傾向が記録されているのである。

西オングル島にある大きな迷子石

また陸地が隆起しているとすると、海底の岩盤はどうなるのかという疑問が生ずる。隆起している岩盤と動かない海底の岩盤との境界が、どこかにあるはずだ。その境界領域には隆起に伴って歪が蓄積されるはずである。その歪はどんな形で解放されるのだろうか。

昭和基地の地震計には一年に一～二回から数回、身体には感じない小さな地震が記録されているが、全く観測されない年もある。私はこの地震が、その岩盤境界の歪の解放によって起きているのではないかと推測している。

昭和基地は大陸の海岸に位置し、夏期には開水面も現れるので検潮儀の観測も何とかできる。海岸地形の調査も進んできた。重力データ、地震データを突き合わせ、南極大陸という地球上で唯一、全体が氷に覆われた大陸の挙動を研究できる条件が揃っている数少ない基地である。

氷床が後退した沿岸には氷河地形が残される。岩盤は氷河に磨かれつるつるした感じで、羊背岩と呼ばれる羊の背のように細長く丸みを帯びる。磨かれた岩盤の上には、羊の背に沿うように傷がついている。氷河の擦痕である。かって氷河に覆われていたころ、氷河の底部にあった岩塊が、氷河とともに流れ、岩盤に傷をつけた、傷痕である。

スカルブスネスにある舟底池。写真の奥が海

その岩盤の上には大小無数の石が、あたかも人間が置いたのかと錯覚するような形

で点在している。迷子石と呼ばれる。点在する石の質は露出している岩盤の質とは異なることが多い。はるか遠方の石が運ばれてきたので、岩盤とも質が異なることから迷子石と呼ばれている。

南極からお土産用の石を持ち帰ってもよい時代には、迷子石はもっとも手軽に拾える石だった。しかし、迷子石の中には一辺が数メートルの大きな石もある。

昭和基地の南約五〇キロ、リュツォ・ホルム湾の東岸にスカルブスネスという六〇平方キロほどの広さの露岩地帯がある。リュツォ・ホルム湾の中では広い方の露岩地帯である。この露岩地帯に舟底池、すりばち池と呼ばれる二つの塩湖がある。

舟底池の湖面は海面下二四メートルで、海とは標高五メートルの鞍部で隔てられている。長さ七五〇メートル、幅二五〇メートル、深さおよそ九メートル、空から見ると仏像の舟形光背のような形をした池である。陸地が隆起し海と隔てられてしまった。湖面の近くと、湖面から三一メートルの高さで貝の化石が発見されている。年代はそれぞれ四千百九十年前（に生きていた）、三万千六百年前のものと推定されている。この数値から三万数千年前からこの地域で氷床の後退が始まったことが分かる。

すりばち池は湖面は海面から三一メートル低く、標高一〇メートルと一五メートルの二つの鞍部で、海と隔てられている。池の大きさは長径が九〇〇メートル、短径が七〇〇メートルの楕円形で、水深は三一メートルある塩湖である。池の周囲にはスゴカイや貝の化石が見られる。

氷床後退後、岩盤の隆起が始まり、海と切り離されたころは現在の数倍の広さの湖水だった。湖水の水は年々蒸発していった。夏季には周辺の氷河から融氷水が流れ込んだが、流入する水の量より蒸発する量の方が大きく、海の生物は死んで化石となり、塩分は濃縮され堆積物となって地中に残されたりして、現在の状態になった。塩分は海水の四〜六倍で、なめると塩辛いというより苦い。こんなに塩分濃度が高くても冬季に厚さ数十センチの氷が張っているのが確認されている。

十九次隊の夏隊で行ったときだった。ヘリコプターで海側からすりばち池の上空にさしかかったことがある。鞍部を超えると急に地面がさがり、吸い込まれるような錯覚に陥った。

湖水で見つかったコケ坊主

南極の生物として知られているのはペンギンである。昭和基地周辺ではアデリーペンギンとコウテイペンギンの二種が見られる。同じように南極でよく見られるアザラシは南極大陸周辺にはウェッデルアザラシ、ロスアザラシ、ヒョウアザラシ、カニクイアザラシの四種と南極半島付近には重量が二トン、三トンになるミナミゾウアザラシがいる。昭和基地の周辺でよく見かけるのはウェッデルアザラシである。ペンギンもアザラシもともに、海を生活基盤としている。

南極の陸上にいる動物相は貧弱で、ダニやシラミの仲間の節足動物が最上等の動物である。節足動物は露岩地帯に点在するコケの群落や付近の砂の中などに生息している。昭和基地付近ではこれまで五種類のダニ類が報告されている。その中の一つアンタークティコーラ・メイェリは南極大陸の中でも東半球側の東南極にだけ分布することが分かってきた。体長は約〇・七ミリで茶褐色である。同じくナノルステス・アンターティクスは露岩地帯に広く分布し、南緯八五度付近でも発見されている、世界でもっとも南にまで分布している動物といえる。標高二〇〇〇メートルの高地にも生息し、体長は〇・二五ミリでピンク色をしている。

植物相は動物相に比べればはるかに豊富である。地衣類、蘚苔類、藻類などが、寒冷、乾燥、強風という厳しい自然環境の中で、群落を形成している。これらの植物群落は短い夏の間に栄養を蓄え繁茂する。雪どけ水が小さな流れを作り、その流れに沿ってカワノリが鮮やかな緑色を呈する。コケの群落も色濃くなる。植物相が活気を呈するのは夏に当たる十二月を中心にほんの数十日間で、二月になるととける雪はほとんど無くなり茶色い地肌が露出し、乾燥し始め、コケの色は黒っぽくなる。

南極大陸沿岸の露岩地帯には大小の湖水が点在する。氷河地形の一つの特徴であるが、氷河によって削られてできた凹地に雪どけ水が溜まったものが多く、十一月末ごろから始まる雪どけによって涵養される。

氷河に削られて水面が海面より低い湖も存在する。このような湖の水は塩分濃度が高く「塩湖」と呼ばれる。しかし、塩湖の湖面は必ずしも海面より低いものばかりではない。融雪水によって涵養された湖水でも、流れ出る口がないと溜まった水は濃縮され塩湖となる。

Column▼母親アザラシに涙

南極大陸周辺には四種類のアザラシがいるが、昭和基地付近で見かけるのはウェッデルアザラシだけである。哺乳類の動物でもっとも南に生育しているのがウェッデルアザラシである。太陽が出ている季節にはほとんど海氷上で生活していて、採餌のため海に入る。逆に冬は水の中で生活していることが多い。

冬の昭和基地の気温はマイナス一〇度〜マイナス二〇度、しばしばマイナス三〇度にもなる。海水はマイナス一・九度で凍結するが、海水はそれより暖かい。仮に海水温を〇度とすると、海氷上との温度差は一〇度から二〇度もあり、日本人の感覚からすれば温泉に入るようなものである。アザラシは潮の干満でできるタイドクラックを利用して、呼吸するための孔や海氷上への出入り口を確保し、冬季はほとんど海中で過ごすようだ。

ウエッデルアザラシは成獣になると体長三メートル、体重四五〇キロにもなり、雌が雄よりも大きく、体の色は背側が黒みがかった茶色で、側面から腹側に茶色の中に白と黒の斑点が広がっている。

昭和基地周辺のリュツォ・ホルム湾にも数百頭のアザラシが生息している。十月中旬から出産が始まる。生まれたばかりの赤ん坊は体長一二〇〜一四〇センチ、体重二五キロほどで、背に黒いたてじまのある灰色の柔毛に包まれている。尾ヒレや手ビレは大きく見え、身体はくにゃっと曲がる。ところが一週間もすると丸々と太り、体型は成獣に近くなり、二週間もすると換毛し、成獣と同じ色になる。この時期のアザラシの成長は驚異に値するが、脂肪とタンパク質が七〇パーセントの栄養に富んだ乳により、急速に成長してゆく。間もなく母親は泳ぎを教え始める。

越冬中の十月下旬、アザラシの赤ん坊が死んでいたとの情報で、環境研究者の資料にするため、海氷上にある死体の回収に行った。死体のそばに成獣のアザラシがいた。我々が死体を掘り始めると、アザラシは二〇メートルほど離れて見ていた。まずやや雪が付き凍結している死体を掘り出し、氷を除き、立てた。回収用のそりを取りに雪上車に戻ると、離れて見ていたアザラシがやってきて、死体の臭いを嗅ぎまわり、ウォーと悲しそうに鳴いていた。近くにいたアザラシは赤ん坊の母親だった。鳴くことの少ないアザラシの声は赤ん坊に最後の別れを告げる、ひと鳴きに思えた。「山は焼けても山鳥立たぬ」というが、死んだ子のそばを離れようとしないアザラシの母親にほろりとさせられた。

赤ん坊アザラシの死体（中央白い塊）
とその母親アザラシ（奥）

ロス海西側に広がる四〇〇〇平方キロの広大な無雪地帯であるドライバレーにドンファン池と呼ばれる小さな池がある。海岸から約四〇キロ内陸へ入った東西に延びるU字谷の谷底に位置し、標高一一二メートル、北と南は崖、東と西はモレーン（氷河が運んできた岩塊の丘）にさえぎられている。東西七〇〇メートル、南北三〇〇メートル、夏の融雪水の多い時期でも、水深は二〇センチ程度である。池の中には大小の石がごろごろと転がっており、どの石も水面付近が一〇センチぐらいの幅で帯状に白くなっている。池の塩分が晶出したものである。池水の塩分濃度は海水の六倍で、口に含むと苦い味は、海面より四〇〇メートルも低い湖として有名な、イスラエルとヨルダンの国境に位置する死海の水と同じようである。

昭和基地付近にも大小さまざまな湖水が点在している。これらの湖水も融雪水によって涵養される。塩分濃度の高い湖水もある。これらの湖水は栄養分に乏しく、透明度も高いが、中には藻類が生育していてワムシ、クマムシなどの微小動物の生息する池がある。

そんな池の中で大きな発見があった。昭和基地から南へ四〇〜五〇キロほど離れたスカルブスネスは、氷河地形の美しい露岩地帯で、船底池やすりばち池をはじめ大小の池が点在する。その中の一つの池の底が全面植物で覆われ、コケがこんもりと塔のようになり、その塔が林立し群落を形成しているのが発見された。

塔は一抱えもあるコケの密集した集団で、その表面には藻類が付着していた。種類はナシゴケ属で発見した日本の生物研究者たちは、このコケの塔を「コケ坊主」と呼ぶようになった。南極観測が始まって三十年以上が経過した一九九〇年代のことである。

コケの塔は大きいものだと高さ八〇センチ、直径三〇センチ以上で、そのコケ坊主が池の底一面に林立している。池の中に存在する特異な生態系である。池の周囲は厳しい自然環境であるが、池の中には植物が生育できる環境になっている、極めて珍しい現象といえる。

年代測定の結果、コケ坊主は二〇センチ成長するのに二〇〇年を要していることが分かった。平均一年に一ミリ程度成長する計算だ。最大級のコケ坊主は八〇〇年の時を経ていることになる。日本には縄文杉と呼ばれるような杉の古木があるが、このコケ坊主も源頼朝が鎌倉幕府を開いたころから成長を始めたことになる。最低気温がマイナス五〇度となるスカルブスネス周縁の厳しい環境で、数百年も生き延びている生命力に感嘆せざるを得ない。

他の地域からは、このようなコケ坊主の報告はない。

私は八次隊の越冬中、基地の建物の近くに転がっていたこぶし大の石についていたコケを見つけた。近くの斜面に生えていたのが、転がってきたらしい。越冬中自分

コケ坊主の群落（提供・伊村智）

の部屋に置いておいたが変化はない。帰国に際し脱脂綿で包んで持ち帰った。もちろん現在はそのような行為は禁止されている。このコケは樹状地衣のクロヒゲゴケという名であった。コケは石に着いたままである。帰国後も五十年近くになるが、専門家の話ではもし枯れたらば石から落ちるとのことである。帰国後も数度引越しを繰り返し、現在はベランダに放置してあるが、状態は変わらない。乾燥、低温の南極より温暖で適当に湿度の高い日本の自然環境では、なにも手も加えられなくても生きていけるのだろうか。その生命力の強さに驚きながら毎日眺めている。

南極観測史上の三大発見

オーロラ、気象、氷や雪、固体地球、生物など各分野はIGY以来、昭和基地で地道な観測や調査を続け、それぞれ多くの発見があり、成果が上がっている。各観測とも国家予算つまり税金を使い観測・研究を継続しているのである。成果をあげなければ納税者に申し訳ないし、税金の無駄づかいとの批判を受けるだろう。南極観測でどのような成果が上がれば国民が納得してくれるのかは、判断が難しい。しかし、昭和基地の役割を確実に果たすことが何よりも重要だと考えている。

そんな中で誰もが期待や予想をしていなかったが、思いがけない発見があった。私はこれを「南極観測史上の三大発見」と呼んでいる。この呼称に外国の研究者の賛同も多い。しかもその三大発見のうちの二つに日本隊は直接関与している。

発見一　南極隕石の発見

日本隊の隕石発見までに、南極では四個の隕石が見つかっていた。もちろん探検隊によって氷河の上などで偶然発見されたものである。

一九六九年十二月二十一、二十二、二十六日に昭和基地の南三〇〇キロの大和山脈付近の裸氷帯上で、氷床ダイナミックスの調査をしていた第十次隊が九個の隕石を発見した。この裸氷帯は大陸内陸域から沿岸に向かって流れてきた氷床が、大和山脈でせき止められた形で形成されている。せき止められた氷床表面は強い風によって雪は吹き飛ばされ、露出した氷の表面も削られ、青氷が露出している。ブルーアイスとも呼ばれる領域である。

付近一帯は見渡す限り氷原であるから、小石一つ落ちていない。そんな裸氷帯の上にポッンと小石があると、「これはおかしい」とほとんどの研究者は気がつく。つまりその小石は地球の外から飛来したほかの天体の物質であった。

一九六〇年ごろ私が受けた隕石についての授業では、隕石は天地創造の鍵を解明できる物質で貴重な試料である。日本には二十二〜二十三個しかない。そのうちのいくつかは「天から火の玉となって落下してきたので」神社のご神体や寺の宝として保管されていると教わった。当時の最大隕石保有国はアメリカで二千余個あるとも聞いた。そんな時代で、日本隊が持ち帰った九個の隕石は関係者の間で大きな話題となった。

十次隊での隕石の発見に触発され、日本は南極での隕石探査を本格的に開始した。一九七四年に十五次隊が六百六十三個、一九七五年に十六次隊が三百七個を採取し、日本は数年間で約千個の隕石を保有する国となった。研究者にとっては一大財産を得たことになる。日本隊が発見した隕石はすべてやまと山脈付近の裸氷帯で採取されたので、総称して「やまと隕石」と呼ばれている。

日本隊の隕石発見を知ったアメリカは日本に隕石の共同探査を申し入れてきた。一九七七年から三年間、アメリカ・マクマード基地を拠点に「南極隕石日米合同探査」と命名したプログラムを実施した。ここでも三年間で六百二十個の隕石を採取した。探査地域が南極横断山地のアランヒル付近だったので、採取された隕石は「アランヒルズ隕石」と総称されている。採取した隕石は日米で同じように分けられた。現在、極地研究所が保有する重さ一〇〇キロの最大隕石もこのとき発見されたものである。この隕石は総重量が四〇〇キロを超えていた。落下時に数個に割れておりそのうちの一つを極地研究所が保有している。

このように割れた隕石は破片の数がいくら多くても全体で一個と数えられる。

日本の隕石探査はその後も繰り返され、探査地域はやまと山脈付近の裸氷帯から、西方のセールロンダーネ山脈付近の裸氷帯へと拡大していった。現在日本が有する隕石は一万八千個程で、世界でも一、二を争う隕石保有国となった。

隕石にはいろいろな種類がある。天地創造直後の物質が含まれているもの、月や火星起源のものなどである。研究者たちが特に注目しているのは生命現象の存在を示すアミノ酸が含まれている隕石である。

月から飛来した隕石を私は「月よりの使者」と呼んだ。月面にほかの天体からの物質（隕石）が衝突し、月の表面の物質が大量に飛ばされた。その飛ばされた物質のいくつかは月の引力圏を脱出し、宇宙空間に迷い出て、さまよった。そして地球の引力圏にトラップされ地球上に落下した。その場所がたまたま南極氷床の上だった。一九六九年から七〇年代にかけアメリカが実施した月探査のアポロ計画で、月面で採取され持ち帰られた月の石と同じ成分、性質だったことから月から来た隕石と認定され「月隕石」と呼ばれている。火星起源の隕石も同じような過程をとり飛来したと考えられている。

研究者の中には二～三万個の隕石を集めれば、天地創造の謎を解き明かす試料がそろうだろうという。自然環境が厳しい南極での隕石探査は大変である。しかし、ロケットでほかの天体まで行き、岩石を採取するよりはるかに安全かつ安価に隕石は得られる。「やまと隕石」を含め南極で採取された隕石を「南極隕石」と総称するが、研究者の南極隕石への期待は続いている。

ただ問題なのは、採取してきた隕石を使って研究しようとする研究者は多いが、自身が南極まで行き、苦労してでも隕石を探そうとする研究者は極めて少ない。南極観測は忍耐と苦労の連続であるが、その実は甘い。甘い実だけを求める研究者であってはほしくない。

発見二　オゾンホールの発見

昭和基地では一九六一年の五次隊でオゾンの観測を初めて実施している。そして一九六六年、昭和基地を再開した七次隊からは「南極高層大気の熱的構造」を調べる目的で、気象観測の一つの項目としてオゾン観測が継続されている。現在でこそ南極の多くの基地でオゾン観測が実施されているが、開始当初には昭和基地はオゾンを観測している南極でも数少ない基地の一つであった。

定常的にオゾンの観測を続ける中、一九八二年九月中旬から十月中旬に昭和基地で観測されていたオゾン量の数値が異常に低くなった。オゾン量の測定結果の数値はいくつかの単位が使われているが、その一つにドブソン単位（ＤＵ）がある。通常のオゾン量は三〇〇～四〇〇ＤＵなのに二〇〇～二五〇ＤＵと減少していたのである。この値は十一月になると元の数値に戻っていた。観測者はその原因が機器の不具合とも考えたようだが、そうでもなさそうで、帰国後の一九八三年にまず観測事実を発表した。その発表の場にはオゾンを専門にした研究者も出席していたが、オゾンの異常な減少に注目する者はいなかった。

後日、イギリスのハレー基地でも一九八二年九月に昭和基地と同じようにオゾン量の減少が観測されていたことが判明した。そして一九八五年、「オゾン量の減少は人間が放出したフロンによるオゾン層の破壊に原因がある」という研究がイギリスで発表された。一九七〇年代、すでに実験室内でフロンガスがオゾンを破壊するという研究がなされていた。南極でのオゾン量減少の原因は、この実験室内での研究結果からすぐフロンが原因と気付かれたようだ。

オゾン量の減少はハレー基地ばかりでなく、昭和基地でも観測されていたことが関係者の間で認識されたのである。一日中太陽の出ない極夜が終わり、太陽が出始めた春先（九月ごろ）に南極大陸内ではオゾン量が減少することが明らかになり、「オゾンホール」と呼ばれ、大問題になった。世界中でフロンガスの使用が禁止されるように

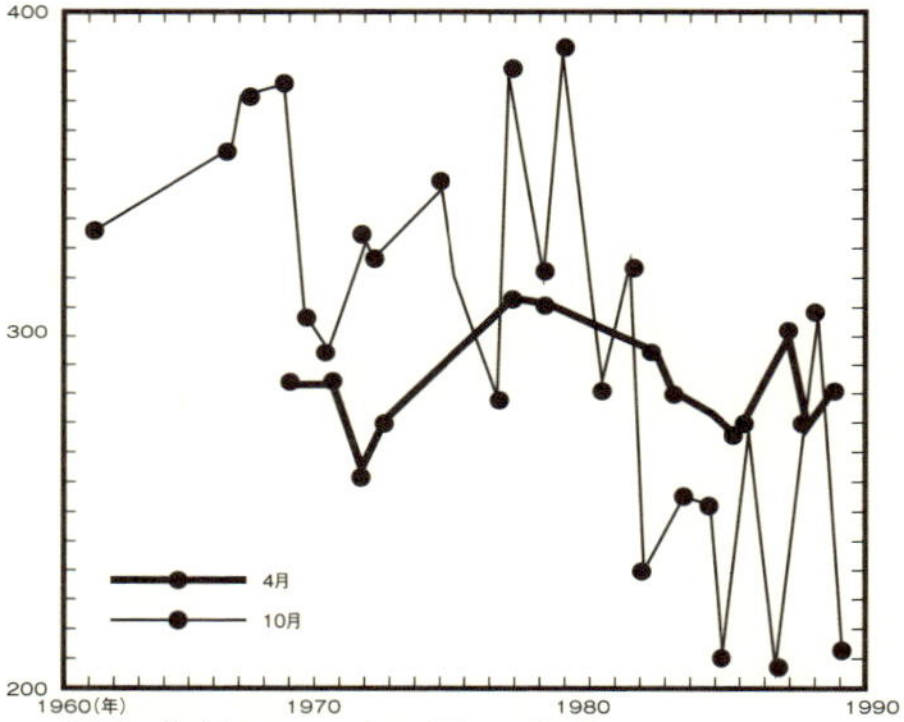

昭和基地のオゾン量の変化

なったが、南極でのオゾンホールの出現はまだ続いている。今後二十〜三十年は続くだろうと予想されている。

オゾンは地上一〇〜二五キロの高さに多く存在し、その領域はオゾン層と呼ばれる。太陽からの強力な紫外線はこの層で吸収され、地表への到達量は少なくなる。ところがオゾンホールの出現、つまりオゾン層でのオゾン量が少なくなると、紫外線が吸収されることなく、そのまま地表に届いてしまう。皮膚がんの発症率が高くなるとも心配され、オゾンホールは地球環境悪化の一つのシンボル的な課題となった。

昭和基地のオゾンの減少はその後も続き、観測された最低値は一五〇ＤＵ程度になった。昭和基地のオゾン観測が地球の環境問題の扉を開くという大きな成果をあげたが、これは地味な定常的観測（あるいはモニタリング観測）が二十年程度の比較的短い観測期間で注目されるような成果を得た数少ない例である。

地球を知るために、いろいろな分野で多くの項目の観測が行われている。それらの観測は長い年月観測を続けてようやく成果が得られることが多い。近年は観測を始めて数年で結果を求められることが多く、若い研究者が観測の現場へ赴くことを望まない傾向がある。

半年以上の準備期間を経て、南極まではるばる出かけ、苦労して一年間観測をする。帰国し頑張って観測したデータに基づいた研究成果を発表したとする。理想通りにことが運んだとしても、その成果が認められるまでには出発から四〜五年を要する。その年月はすぐに結果を求める現代社会では遅すぎる。評価が得られなければ研究費の獲得も難しくなる。従って、南極まで出かけて行き、苦労して観測するよりも、誰かが観測したデータを使って研究することを希望するような若手研究者が増えてしまう。公表されているデータを使ったとしても、観測経験がない者にとっては、ある現象をブラックボックスを通して得たデータを解析することになる。ブラックボックスの中は理解しようとしないので時には大きなミスを犯すのでは、と私などは心配してしまう。この傾向は日本の地球科学の現場にとっては危機的な状況なのだが、それを改善しようとする努力はほとんど認められない。

地球を知るには長期間の観測が重要であることを改めて指摘したい。それは「労多くして功の少ない仕事」であるが、それこそが人類にとって重要な貢献になる。「継続は力なり」である。

発見三　ボストーク湖の発見

この湖の発見はロシアとイギリスの研究者によってなされた。一九九四年八月下旬から九月上旬、イタリアのローマで開催されたSCARの固体地球物理学と地質学の常置委員会の合同会議の席上で、ロシア代表が南極の氷床下に真水の巨大な湖が潜在していると発表した。私もその場にいたが、出席していた南極の専門家たちは一瞬息を呑むほど驚いた。

氷床下に潜在している湖水を「氷底湖」と呼ぶが、三〇〇〇メートルもの厚い氷の下に湖が存在しているとはそれまではまったく考えられなかった。発表された氷底湖は、ロシアのボストーク基地の下にあり「ボストーク湖」と呼ばれるようになった。

ボストーク基地（南緯七八度二八分、東経一〇六度四八分、標高三四九八メートル）はすでに述べたようにIGYでソ連が南磁軸極に設けた基地である。地球上で「世界の寒極」の領域に位置し、年平均気温はマイナス五五・五度で、一九八三年七月二十一日にはマイナス八九・二度の世界最低気温が記録されている。この値は三十年以上が経過した今日でも、地球上で観測された最低気温である。またソ連は厚い氷床を研究するために、二七〇〇メートルまでの氷床掘削も実施していた。

南極大陸の氷床表面の地形は中心域から海岸線に向かってゆっくりと傾斜してい

る。ところがボストーク基地から北北西（海岸方向に当たる）に向かって細長く平坦地が延びていたので、氷床下に何かありそうだと考えられ、関心を持つ研究者の間では、一九六〇年代から湖が潜在する可能性のあることがささやかれていたようだ。

ソ連は一九六四年ごろに人工地震探査法でこの地域の氷床の構造を求める調査をしていた。一九七〇年代になるとイギリスがアイスレーダを小型航空機に搭載して、南極大陸の広範囲で氷の厚さを調べ、氷床下の基盤地形を調査し解析していた。このときのイギリス隊の調査結果から、南極氷床の平均的な厚さは二四五〇メートル、もっとも厚いところは四〇〇〇メートルを超えると発表された。日本列島では北海道や東北、さらに滋賀県付近から西の地域では標高二四五〇メートル以上の山は存在しない。南極の氷床の大きさを示す例である。

その後、ソ連ではペレストロイカが進んだが、一九九一年、ソ連崩壊により冷戦体制が終結した。東西が対峙していた北極では大きな雪どけが生じたが、南極では一層の融和が進むこととなった。多くの雪氷研究者は南極ばかりでなく北極も研究している。冷戦時代、グリーンランドではアメリカがソ連に向けてミサイル基地を並べていたが、それらの基地がなくなったため、雪氷研究者たちはグリーンランド氷床の研究が可能になった。ペレストロイカは彼らには朗報だった。科学研究、特に地球を相手にする学問分野にとって世界の平和がいかに大切か再認識させられた。

南極氷床を研究しているロシアとイギリスの雪氷研究者が、一九九三年十一月二十三日に「南極ボストーク湖の地球物理学的勉強会」を開催した。両国が得たデータを持ち寄り、示し合せながら検討を重ねた。その結果、湖の潜在を確信するに至ったという。そして、一九九四年の発表となった。

南極の調査・研究はIGY以来、世界の平和共存の下で継続されていた。しかし、冷戦が続いていたならば、この成果を上げたロシアとイギリスの共同勉強会の開催は難しかっただろう。

ボストーク湖はボストーク基地をその南端として、南緯七六・三度、東経一〇三度の北西端へと、幅五〇キロで三〇〇キロほど延びる細長い楕円形に近い形をしている。ロシアの発表では、総面積一万五〇〇〇平方キロ、ロシア最大の湖であるバイカル湖の約半分の広さと説明された。日本最大の湖である琵琶湖の面積が六七〇平方キロであるから、ボストーク湖はその二十二倍の広さを有する。

ボストーク湖を覆う氷床表面の標高は三五〇〇メートルで、その高さで平坦的な地形が広がっている。その平坦面の下の氷の厚さは三八〇〇メートルあり、海面下三〇〇～七〇〇メートルの深さに水の層が潜在している。

ボストーク湖の潜在が発表されてから、ロシアはボストーク基地で続けていた氷床掘削を中止した。掘削が湖面に達したとき、その水を汚染してしまうことを心配したからである。そして、ロシア、イギリスにアメリカなどが参加して、ボストーク湖をどのように研究していくかの検討が重ねられた。ボストーク湖に生息している生物をどうやって捕獲するか、採集するかというようなSFまがいの話も、真剣に話しあわれた。二一世紀に入り氷床掘削は再開され、湖面まで達し、小さな生命現象も発見されたと報じられた。

Column▼世界の寒極

IGY以前は、世界の寒極はシベリアの北部地域と考えられ、例えばベルホヤンスクでは最低気温マイナス六六度程度であった。現在は北極地域での観測点も増え、北極海沿岸のバロー岬でもマイナス七〇度を下回る気温が観測されているが、当時はまだ観測記録の無い時代だった。また南極大陸でも越冬が行われてはいたが、沿岸地域だったため報告されていた最低気温はマイナス五〇度台だった。

IGYにより、アムンセン・スコット南極点基地やボストーク基地での越冬が開始され、関係者はその寒さに驚いた。南極大陸の内陸氷原では平均気温がマイナス五〇度台、最低気温はマイナス八〇度を下回ることが明らかになった。南極大陸のボストーク基地付近から到達不能極一帯の内陸氷原は、標高も高く寒さの厳しい自然環境は地球上でもっとも寒い「世界の寒極」と認められた。

人工衛星の記録では、この地域はマイナス九〇度を下回る気温が測定されている。地上での観測記録は一九八三年七月二十一日ボストーク基地でのマイナス八九・二度である。

このような氷底湖はボストーク湖だけではないらしい。大陸表面の地形が平坦になっているところは大小数十か所存在する。そのすべてに氷底湖があるかどうかは不明だが、ＩＧＹ以来、半世紀以上が過ぎ、調査・観測が進んでいる南極大陸であるが、まだまだ多くの謎がありそうだ。

南極全図に示す研究——極地研究所の発足と永田・初代所長

日本の極地研究所は一九七三年九月に創設され、初代所長は永田武だった。本来は同年四月に発足する予定であったが、当時の東京教育大学を廃止して筑波大学を創設する法案が国会に提出されており、この法案の審議が遅れ、同じ文部省からの法案であった極地研究所の設立も遅れたのである。私は翌年五月に東京大学地震研究所から極地研究所に配置転換してもらった。

永田の専門は岩石磁気の研究であった。東京帝国大学で地球物理学を学び、卒業してすぐ東大の附置研究所である地震研究所に職を得た。岩石磁気の研究には多くの火山岩を使う。高温で流れ出てきた溶岩は磁気を帯びていないが、冷えて固まると現在の地球磁場と同じ磁気を帯びる。この岩石が磁気を帯びることを帯磁という。火山が噴火し溶岩が流出すると、冷えて固まった溶岩を採取し帯磁を調べ、噴火に至る過程を調べた。また地震の研究もして、論文も発表していた。

ＩＧＹが始まったころは東京大学理学部地球物理学教室の地磁気講座の教授だった。オーロラが地球の磁場に関係することから、日本でもオーロラ研究の必要性を感じていたのであろう。学術会議を通じＩＣＳＵへも出席するようになり、結局一～三次隊の隊長も務めることになった。地磁気講座に在籍した学生たちを、毎年のように南極観測に参加させ、次第に地球磁場の研究は超高層物理学の研究へと発展していった。観測隊に参加した学生たちは、その後、日本の超高層物理学をリードする立場に立つこととなった。

私は地震研究所の助手時代に南極観測に初めて参加した。八次隊から帰国して、オーロラに関する研究レポートを書いていたころの話である。

私は「永田先生は地震の論文も書いている。だから自分はオーロラの論文を書く」というようなことを仲間に言っていたようだ。私としては、専門外のオーロラだが、南極で観測したことぐらいは自分でまとめなければいけないとの責任感があった。また当時のオーロラ学は素人の私でも、新しい知見のある論文を書くことができた。

地震研究所と地球物理学教室とは離れているので、普段はその顔を見ることもなかったが、何かのときに顔を合わせたことがある。顔が合ったその途端、「神沼、君はおれが地震の論文を書いているからと、オーロラの論文を書いているそうだな。まあがんばれ」といわれ赤面した。仲間の話では、当時は南極観測の草創期であり、「永田先生は南極に興味を持つ研究者は可愛いんだよ」と言っていた。先生とすれば言葉は乱暴でも愛の鞭だったのかもしれない。

やはり同じころの話である。それまで地震が起こらないと言われていた南極大陸に、地震が起こっていることを突き止め論文に発表した。これを知った南極へ行ったことがある新聞記者が記事にして私の研究を紹介してくれた。その記事の中に永田のコメントが同時に記載されていた。「大変興味深い発表だが、ただ一個の地震では心もとない」という内容だった。もちろんそれは十分に分かっていて、その後の観測研究の積み重ねで、答えは出したつもりである。

極地研究所に移った後、私は永田によく叱られた。当時の地震学会と地震研究所は大学紛争や地震研究所の紛争でガタガタだった。地震研究所の先輩として、また日本地球物理学会の大御所として、永田は日本の地震学界の現状に苦慮し、何とかしなければと考えていた。その発露の一つが、私への小言だった。当時、極地研究所で地震を専門にしているのは私だけだった。地震研究所に勤務したことのあるのも私だけだった。従って地震研究所のこと、地震学界のことなどを、私によく小言を言われた。私はすべての代表として叱られていたのだ。叱られ、怒られても私一人でどうすることもできず、ただ「ハイ」と聞くだけだった。先生自身も自分の鬱積のはけ口にしていたのだろう。

永田は私たち教官に「南極全体の地図に成果が表せる研究をしろ」と叱咤激励していた。昭和基地は南極の各基地の中では孤立した基地である。観測隊とともに交換科学者として少なくとも毎年一人は外国人が訪れてはいたが、ほかの基地との交流はほとんどない。そこでどうしても、そこでの研究は「局地的視野（つまりミクロな視野）」で起こっている現象を見たり考えたりしてしまう。永田は早くからその欠点に目を向け、研究者が「田舎者」にならないように注意していたと私は理解している。

全体図を作成することによって少なくとも二つの利点がある。その第一は全体図を作成する過程で、外国の観測データを集めなければならないが、その時、それぞれの国のデータについて評価しておかなければならない。外国の観測事情、得られたデータの質などが分かるし、それを識別する眼力が養われる。第二は図に表したデータから南極大陸の姿が直感的にすぐ分かる。その全体像を考えながら自分のデータを見ると、ミクロの視野の弊害が起こりにくいし、局地的な特質も抽出されてくる……。

一九七五年、フランスのグルノーブルで開かれた南極の固体地球物理常置委員会に永田と一緒に出席した。先生は「南極大陸の多くの点で地磁気の測定がなされているが、まだその結果を示した図がない。みなさんが協力してくれれば日本が責任を持って南極磁気図六枚（全磁力図、偏角図など）を作るがどうか」と提案した。出席した各国の委員に反対はなく、「一九七五年十二月末までに各国委員は日本の国土地理院にデータを送ってほしい。何かあったらここにいる神沼に連絡されたい」ということですべてが決まった。もちろん国土地理院の関係者とは、その種の話し合いはなされていた。

そして、予定よりは二ヵ月ぐらいの遅れはあったが、次の常置委員会の会合が開かれた一九七七年七月には、日本代表として私が出席し、磁気図作成の進捗状況が説明できた。

「一九七七年十二月初旬までに、磁気図六枚が完成するので、日本の国土地理院からデータを提供してくれた各国、各機関に送付する」とまず発表した。この発表に全出席者が拍手で答えてくれた。さらに私が「磁気図には英語の説明書をつける」というと、さらに強い拍手が起こった。

それには裏話があった。南極は科学の場ではあったが、やはり冷戦の空気はあったようだ。「ようだ」と書いたのは、この常置委員会への私の出席は二回目で、英語も堪能でないので、会議の微妙な空気は読めないでいた。後で、親しくしていたイギリスの委員がこっそり教えてくれたことは、「南極の重力図をソ連が作成することを五年前に決めて、各国がデータを送っている。しかし、その後、作成は少しも進んでいないようだ。しかも、英語のテキストをつけてほしいという要望にも明確な答えがない。そんな背景があるので、今日の日本の発表は好評だった」というのである。

またニュージーランドの委員は「南極の地磁気偏角図がなかったので、野外調査で方向を決めるのに苦労した。今度の野外シーズン（一九七七年十二月ごろから七八年一月ごろ）までに入手できればありがたいのだが……」となるべく早く地磁気全図を送ってほしいと注文された。もちろん私は国土地理院に頼んで、彼の調査に間に合うように完成した図を送ってもらった。

この地磁気全図に関して示された永田のリーダーシップは、その後の私の研究や国際会議でのあり方に、大きな教訓となった。

ソ連の重力図は会議でも話題にならなくなり、結局発行されなかった。そこで私は日本の重力の専門家の協力を得て集められるだけのデータを集め、南極大陸全体の「重力のフリーエア異常図」を作成した。さらにこの図を元に「南極大陸の地殻の厚さ（モホ面分布）図」を作成し、出版した。この二つの図は、今から見れば精度は不十分だが、一九八〇年代当時では、できる限りのデータを使ってまとめており、南極大陸の地下構造の概観を得た初めての研究で、それなりに貢献したと自負している。少なくとも永田の存命中に、その叱咤激励に答えたつもりである。

ＩＧＹが始まったころ、外国で発行されている地震学の教科書には「南極には火山性地震はあるが構造性地震は起こらない」と書いてあった。ところが私が昭和基地で越冬中、毎日地震計の記録を見ていると、どうも南極でも自然地震が発生しているらしいことに気がついた。昭和基地での観測だけでは分からないので、帰国後、南極で常時地震観測をしていた他の基地の記録を丹念に調べ、南極大陸に設置された地震計の記録から初めて南極大陸内に起こった地震の震源を決めることができた。前述した永田の「一つではだめ」という批評はこのときのことである。その後、観測を重ね、昭和基地をはじめとする南極大陸の地震活動を明らかにして、「南極大陸地震分布図」を作成した。一九六七年の八次隊での越冬からほぼ二十五年が経過していた。

現在では、ほかの大陸と比較して活動度は低いが、南極大陸内にも地震が起きているのは当然のこととなっている。しかしその活動度は、世界でもっとも地震活動の激しい地域の日本と比べれば一〇〇〇分の一以下である。従って、地震活動を明らかにするには長い時間を要する。これは地震ばかりでなく、ほかの観測にもいえることであるが、たった一枚の南極全図に研究成果を表すには、表面に出ない多くの人の努力が積み重ねられている。

地図作成

ＩＧＹに際し日本に託されたのは、南極大陸沿岸で東経三〇度から四五度までの二五万分の一の地形図を作ることであった。南極大陸の海岸線もはっきりしていなかったので、各国が協力して測量をして、海岸線が分かる地形図を発行することにしたのである。

昭和基地付近の地形図の作成は一次隊から始められた。

人工衛星を用いた測量法（いわゆるＧＰＳ）など無かった時代である。当時の測量はとにかく手間がかかり、現在と比べれば精度も悪かった。昭和基地に天測点という地名があるが、それは昭和基地の位置を決めるための天文測量を実施した点である。その付近の海水面に簡易潮位計を設置し、天測点の高さも決めた。こうして昭和基地の位置は南緯六九度〇〇分二二秒、東経三九度三五分二四秒、標高二九・一八メートルと決まった。

この天測点を基準として、測量が始まった。今はＧＰＳという人工衛星を使った測位システムが世界中で使われ、簡単に位置決めができる。しかし、当時は三角測量で方向と距離を決め、水準測量で高さを決めていくのが一般的であった。

オングル島に上陸してみて分かったことは、ノルウェーの情報では一つの島と考えられていたオングル島が、二つの島であることが分かった。そこで東オングル島と西オングル島と名づけたが、実際は東オングル島は西オングル島の北東側にある。先述したように一九五七年一月二十九日に上陸式を行ったのは、西オングル島の北東端の平坦地で、現在は「昭和平」と呼ばれている。その端には「大池」と名づけられた池もある。基地を建設するには良い場所だった。しかし、海氷上の輸送距離が延びることから、東オングル島の現在の位置に建物が建てられることになり、また測量の基準点もそこに設けられた。

日本は一次隊の帰国後すぐに、昭和基地の地形図作成を開始した。一九五七年には一〇〇〇分の一の「昭和基地」や五〇〇〇分の一の「東オングル島」作成している。さらに測量を進め、一九六三年に二五万分の一の「リュツォ・ホルム湾」と「プリンスオラフ海岸」の二図幅を作成した。これによって東経三九度三三分から四五度までの地形図は完成した。

しかし西の方は海岸線の氷の状況が悪く、近づくことすら困難であった。そこで空中写真や人工衛星の画像を使い、東経三三度三〇分から東経三九度までの二五万分の一の地形図を完成させたのは一九八二年になってからである。

その間にも、日本は日本国内と同じように二万五〇〇〇分の一の地形図を露岩域全体で作成することを目標に、測量を重ね次々に発行していった。その範囲は内陸のやまと山脈にも及ぶ。

現在、地形図も電子化されてきたが、日本が昭和基地を中心に発行している地形図は大小の縮尺を合わせて、合計二百六十図幅になる。

これは南極の中でも特筆に値する高い精度で地形図が得られていることになる。南極大陸の姿を知る上での、日本の大きな国際貢献となっている。

Column ▼ カミヌマクラッグ・カミヌマブラフ

《岩峰に続き　南極に「カミヌマ崖」》という見出しで、以下の記事が新聞に掲載された。

『南極の火山や地震を長年研究してきた神沼克伊（略）の功績をたたえ、南極・ロス島の火山エレバス山（三七九四メートル）ふもとにある巨大な崖が「カミヌマブラフ（崖）」と命名された。米国の南極地名委員会が十月、名づけた。神沼さんにとって九九年の「カミヌマクラッグ（岩峰）」に次いで二カ所目。領土権のない南極では、各国の地名委が観測活動域を中心に名付けるのが慣例になっている。一つの国から複数命名された日本人は初めて。

「カミヌマ崖」はエレバス山の南東五〇キロにあり、高低差は二〇〇メートル、長さは五キロに及ぶ。「カミヌマ岩峰」は、ロス島からマクマード入り江をはさんだ対岸の南極大陸の氷河内にそびえる。

（中略）

米国地名委に神沼さんを推したフィリップ・カイル米ニューメキシコ工科大教授は「観測には各国から一〇〇人以上参加したが、設営が厳しい氷の世界にドクター・カミヌマは率先して挑んだ」と語る。

日本の地名委による命名には、南極探検の先駆者、白瀬矗中尉に由来する「しらせ氷河」などがある。外国の命名で日本人名が付けられたのは、脚気の予防法を発見した高木兼寛軍医にちなんで英国が付けた「タカギ岬」が代表的だ。

神沼さんは「一地点は努力賞かもしれないが、二地点ならば本当に研究が評価されたのだと思う。地道に活動する人々の励みになればうれしい」と語る』（『毎日新聞』東京版、二〇〇四年一月十日号〈夕刊〉）。

極地研究所内にも地名委員会があり、新しく調査した地域などのめぼしい地形に、名前を付けている。日本では個人名は特別の地域にしか命名されず、これまではしらせ氷河、とＩＧＹのころの学術会議会長の茅誠司元東大総長の「カヤ氷河」が代表的である。山や小さな氷河などにも個人名が付けられるようにはなってはいるが、まだ命名された例は聞かない。私は個人的には、個人名は付けないほうが良いと思っている。私が命名された調査にも多くの仲間が参加している。私だけ名前がついているのはその人たちに申し訳ないという気持ちが強い。地名への命名も、叙勲や表彰と同じで結局は人を差別することになるのでできれば避けたいというのが本音である。

第四章　南極氷床へのアプローチ

地球上の二つの氷床

南極は「氷の大陸」と呼ばれ、地球上の氷の九〇パーセントが存在することが明らかになったのは、ＩＧＹでの成果である。それまでは南極大陸の氷の厚さは数百メートル程度と考えられていた。一九四九〜一九五二年にノルウェー、イギリス、スウェーデン三国共同による科学調査隊がクィーンモードランの棚氷上で二年連続の越冬をして内陸氷原の調査を行った。その結果、南極氷床は二〇〇〇メートルの厚さがあるところが発見された。さらにＩＧＹの調査でもっとも氷の厚いところは富士山の高さを超す四〇〇〇メートルの厚さがあることが分かった。南極大陸上の氷だけでその体積はおよそ二九〇〇万立方キロ、周辺の氷を含めれば約三〇〇〇万立方キロになると見積もられた。地球上の全氷の九〇パーセントを占めるという。その巨大さが改めて知らされた。

南極では大陸ばかりでなく、周辺の島々も氷で覆われている。これらの氷は「氷河」と呼ばれるが、その状態によっていろいろな名称がある。五万平方キロ以上の陸地を覆う氷塊は「氷床」と呼ばれる。地球上には南極大陸を覆う「南極氷床」と北極のグリーンランドにある「グリーンランド氷床」の二つが存在する。グリーンランド氷床は地球上の氷の九パーセントを占める。二つの氷床だけで地球上にあるすべての氷の九九パーセントになる。

南極や北極の島々にある氷塊は「氷帽」とか「氷冠」と呼ばれる。ヒマラヤ、アルプス、パタゴニアなどにある山岳氷河を含め、氷床以外の氷を全部集めても、全氷量の一パーセント足らずなのだから、氷床、特に南極氷床がいかに膨大な量の氷で形成されているか想像できよう。

氷床は陸上に降った雪が積もり、自分の重みで圧縮され氷化した積み重ねで形造られている。中心部が厚く、そこから沿岸域に自分の重みで流れていく。その流れの速さは氷床下の岩盤の地形によって左右される。南極氷床の中心域では一年に一〇メートルほどの距離を動く。氷床下の岩盤地形が谷状のところは、一年に数百メートルから一〜二キロ移動する地域もある。このように周囲より速く移動する領域を「氷河」と呼ぶ。氷河ほど早くはないが、氷河より幅が広く、年に数十メートルから数百メートルの速さでゆったりと動く領域を「氷流」と呼んでいる。

東経七〇度付近に流れ出ているランバート氷河は長さ八〇〇キロで、氷河というより氷流に近い。流れ出た氷はアメリー棚氷を形成している。シャクルトンやスコットが南極点をめざし、ロス棚氷から内陸氷原へと登ったベアドモア氷河は、南極氷床が南極横断山地を越え溢れ出して形成された氷河で、「溢流氷河」と呼ばれる。

昭和基地の南一〇〇キロに河口がある氷河を日本は「白瀬氷河」と命名した。その流れの速さを測定したところ、一年で二～三キロほど移動することが記録された。この値は南極にある多くの氷河の中でも、もっとも速い部類に入る。

白瀬氷河はリュツォ・ホルム湾の湾奥にあり、流れ出てきた氷塊はすぐに氷山となって流れ出す。ところが海岸線が長いところでは、流れ出てきた氷が次々に海上に押し出され一〇キロ、二〇キロと続く長い氷堤を形成しているところがある。このように氷河の末端が形成する氷堤を「氷河舌」と呼ぶ。最大五〇キロメートルの氷河舌も確認されている。なお氷河舌は氷河の末端が牛の舌のように広がる形から名づけられた。

氷河は「氷の河」と呼ばれるように、下の岩盤に対して河川と同じような働きをしている。氷の流れは岩盤を削り、下流へと運び、堆石を作る。それぞれ破壊作用、運搬作用、堆積作用で、総称して「氷河作用」と呼ばれている。

陸上に積もった雪が自分の重みで圧縮され氷となる。氷が厚さを増してくると、重力の作用で高所から低所に移動してゆく。このとき下の岩盤に窪地や谷状の地形があればその流れは速く、氷河になっていく。移動する氷は周辺の岩盤や、底辺の岩盤を削る。従って氷河が無くなった跡には、U字谷や羊背岩などの氷河地形が形成される。これが破壊作用である。

氷河は削り取った岩屑や周辺の岩塊を加えこみ下流へと運ぶ。「運搬作用」である。氷河の末端付近には運ばれてきた岩屑、岩塊、さらに粉状の削り屑などが堆積する。谷の末端や途中にモレーン（堆石）と呼ばれる氷河地形が「堆積作用」によって造られている。水の流れのほとんどない南極ではあまり見られないが、氷河から流れる出る水は岩の削り屑が含まれており、白っぽく濁っている。「ミルキーウォーター」と呼ばれる。狭いながらも南極の露岩地帯では美しい氷河地形を見ることができる。

氷床への挑戦

宗谷の時代、昭和基地で雪や氷の専門家が越冬したのは一九六〇年の四次隊からで、基地での地震観測と兼任していた。まだ雪氷学者と呼べる人材はいない時代であった。どうも、南極大陸の氷を調べるには地震探査や重力探査という手法が必要だから、基地での地震観測も同時にやらせようというのが実状だったようだ。

地震探査は氷の厚さを測定しようとする場合には、地震計を十～二十台ほど一〇～二〇メートルぐらいの間隔で雪氷面に一列に配置する。そしてその両端でダイナマイトを爆発させ、人工的に地震の波を起こさせる。発生した地震波は四方八方へ伝わるが、真下に伝わった波は氷床下の岩盤で反射する。反射した波は雪氷表面にも戻ってきて地震計に記録される。その地震記録から氷床の中を伝わっていた地震波の時間が分かり、氷の中を伝わる地震波の速さも分かっているので、氷の厚さが分かる手法である。

重力探査も同じで、雪氷面で同じように測定しても、氷床の厚いところと薄いところでは、重力の値が異なる。この性質を利用して五〇〇メートルごととか一キロごとに重力を測定して、氷の厚さを求める手法である。もし地下三〇キロ、五〇キロとより深いところの構造を求める場合には、測定間隔を二キロごとと間隔をあけて測定することもある。

隊員の数が限られているので仕方がないことではあったが、野外調査が主な仕事となる雪氷調査と基地観測の地震との兼任は無理があった。四次隊、五次隊と雪の研究者が、地震観測も実施していたが、彼らの観測したデータを本格的に整理し、公表したのは私だった。その時点で観測から十年が経過していた。一年間苦労して観測されたデータのはずだが、日本に持ち帰られてからはほとんど手を付けられた形跡がなかった。一九六七年に八次隊の地球物理担当で越冬した私は、昭和基地で毎日観測されたデータを精査するのも仕事の一つだった。帰国後四次隊や五次隊の記録がそのままになっているのを知り、それらを整理して「データレポート」として公表したのである。

日本の南極氷床への挑戦はふじの時代に入ってから本格化した。九次隊の南極点往復旅行を契機に、大型の雪上車が開発され、長期間の内陸調査も可能になった。そのころになるとＩＧＹの成果から、南極氷床は平均の厚さが二〇〇〇メートルぐらいあることが分かっていた。その氷の量が増えているのか減っているのかが雪氷学者たちの次の関心で、各国がそれぞれの基地を拠点に調査を続けていた。

日本隊も一九七〇年の十一次隊で、昭和基地の南に広がる「東クイーンモードランド」で、「氷の収支」を調べる調査を開始した。「氷の収支」とは一言でいえば「南極の氷の量が増えているのか、減っているのか」を調べることになる。南極氷原に一年間にどのくらい雪が降り、その雪が風で飛ばされたり、昇華したりして消耗するだろうから、実際に雪や氷として残るのがどのくらいかを調べるのは簡単なことではない。日本隊は昭和基地の南二七〇キロの地点に「みずほ観測拠点」を設け、周辺の調査を続けた。この拠点は、その後「みずほ基地」に昇格し、越冬観測も行われた。

氷の収支を調べる手段として彼らは水準測量を実施した。大陸の一点に基準点を設置して、そこから尺取虫のように次々に測定点を設け、基準点からの高さを測定してゆく。日本国内でも地形図作成のために、国土地理院が実施していた手法で、一〇キ

ラングホブデの露岩。手前が海、向こう側が氷床

ロ離れた二点の高さの違いを、一ミリ以下の誤差で測定している技術である。

　ただ南極氷床の表面は積雪があったり、青氷が露出していたりと千変万化である。日本で実施している測量のように道路沿いに動かないように石を埋めて固定し標識を設けているのとは異なるので、この話を聞いたとき、大変な仕事であることはすぐ理解できた。

　そして、一九七三年の越冬中、同じルートでもう一度、同じ測量を繰り返し、三年間でそれぞれの点の高さがどう変わったかを調べた。高さが増していれば測量した地域の氷の量が増えていたし、高さが減っていれば氷の量は減っていたのである。もちろん高さが変わらなければ氷の量の増減もないと考えるのである。

その研究成果の発表会では、何人かの研究者が報告したが、私にはどうも結果がよくわからなかった。その原因の一つが、南極氷床上の水準測量では誤差が大きすぎるのである。高さを測る箱尺と呼ばれる物差しを、雪面に立てて高さを測定する。青氷の上ならともかく、雪の上だと箱尺の置き方だけで、数ミリの誤差が出るように思えた。風で箱尺が揺らいでも誤差の原因になる。調査は南極の春から夏に行われているが、それでも気温はマイナス二〇度を下回ったであろう。風も強く、凹凸の激しい雪氷表面での測量の苦労は十分に理解できた。関係者の努力には敬意を払いながらも、測定結果には大きな疑問を持たざるを得なかった。

そこで私は次のように質問した。

「氷の収支を測定しようとするなら、白瀬氷河から流出する氷の量をまず調べるべきではないか。重箱の隅をつつくような作業に大きな労力を使っても、結果が得られにくいのでは」

調査域は白瀬氷河の源流域であるから、出口をしっかり押さえれば、全体像が分かるのではという趣旨である。私の視点では雪面の高さの変化を調べる、つまりミクロに氷床を見るより、氷山となって流れる巨大な量を調べるほうが、氷床全体をマクロに見ることになり、大きな目的は達成しやすいとの主張である。

この白瀬氷河からの氷の流出量については、雪氷グループの人たちも気がついたようだ。しかし、当時は彼らの知識はそれに十分対応できるほどではなかった。

この氷床への調査手法について、私は北海道大学の研究者仲間に聞いてみた。彼らの答えは「日本の雪や氷の研究は北大の低温研究所が中心で、彼らは北海道の雪を相手にしているので、南極という広大な地域への対応の仕方が分からないのですよ」ということで、私は納得した。

しかし、彼らの私への反撃は思わぬところからきた。どうも「重箱の隅を突っつく」という発言が気に障ったらしい。彼らは水準測量と同時に多くの点で重力も測定しており、結果は「データレポート」として、すでに公開されていた。私はその公開された重力データを使って、みずほ高原（昭和基地南に広がる氷原の呼称で、東クイーンモードランドのほぼ全域を指す）の地殻の厚さを調べ、前章で述べた南極全図の基礎資料にもしていた。一般に公開されたデータを使って研究を進めることは当たり前の事であり、それは測定者への敬意を示すことでもあると考えていた。私ばかりではない。多くの研究者は公開されたデータは、その出典さえ明記すれば自由に使えると認識している。

ところが彼らは「確かに公開されたデータではあるが、極地研究所の教官が使うのであるから、我々雪氷グループに使用許可を得るべきだ」と私に文句を言ってきた。つきつめて考えれば、税金で得たデータの私物化である。私は彼らの言う意味が理解できなかったので「とにかく私は雪氷グループの実施した重力測定を世界に紹介し、役立てている。お礼を言われても、文句を言われる筋はない」と答えたが、話し合いは最後までかみ合わなかった。

ふじ時代の日本隊の雪や氷の研究は、日本で雪氷学が育つ黎明期であった。個人差はあっても、当時の内陸での調査に苦労を重ねた人々の努力が継承され、日本にも雪氷学が定着し、雪氷学者が育ってきた。

三〇〇〇メートルの氷床を

日本の雪や氷の研究者たちの興味は南極氷床の厚さやその動きの解明から構造の解明へと移った。南極氷床の構造を知るためには、深さ別に氷のサンプルを採取すればよい。その方法が氷床掘削である。アメリカのバード基地では一九六八年に二一六四メートルの基盤岩にまで達する氷床の全層掘削が完了していた。その底部の氷は七万五千年前のものと分かり、それまでの地球の気候変動が明らかになった。ソ連のボストーク基地でも掘削は始められようとしていた。

掘削は表層掘削、浅層掘削、中層掘削、深層掘削に大別される。浅層掘削は主にハンドオーガーと呼ばれる数枚の刃のついた円筒を手で回転させて掘り進む。円筒の中には筒状に雪のサンプルが入っている。この円柱状のサンプルをコアサンプルと呼ぶ。この方法での掘削は深度一〇メートル程度までである。また得られる氷床コアの年代は十年から百年程度である。

二〇〇メートルぐらいまでの掘削は浅層掘削で、同じように数枚の刃を付けた円筒を回転させながら掘り進むが、電気で回転する機械を使ったメカニカルドリルと呼ばれる道具を使う。この深さになると雪はザラメ雪から氷へと変化し、およそ百年から千年前ぐらいまでのコアサンプルが得られる。

一〇〇〇メートルぐらいまでの掘削を中層掘削と呼ぶ。メカニカルドリルのほかに、リング状のヒーターによって氷を円形にとかしてゆきコアを採取するサーマルドリルがある。この深さになると得られるコアサンプルは千年から一万年前に積もった雪が圧縮されて氷になったものである。日本隊はみずほ基地で一九八三〜八四年に、七〇〇・五六メートルの中層掘削に成功していた。

掘削されたコアの中には無数の気泡が含まれている。氷の基になった雪が降った時代の空気が閉じ込められているのである。また海や火山、砂漠、人間の起こした核実験で放出された物質など様々な起源の物質も含まれている。これらの物質の中には、例えば一八八五年に起こったインドネシアのクラカタウ火山の大噴火の火山灰が含まれている。噴火の年代がはっきりしているので、コアサンプルの中での年代決定の良い指標となる。含まれる物質が樹木における年輪の役割を果たすのである。

コアに含まれる空気を分析すると、その成分が時代とともに変化しているのがわかる。空気の酸素同位体比が低いと軽い雪が降ったので、寒冷な気候だった、同位体比が高いと重い雪が降ったので温暖な気候だったと推定できる。気泡に含まれる二酸化炭素やメタンの分析からも同じような推定が可能である。

現在、地球環境をみるための一つの指標である二酸化炭素のデータが観測されているのは、わずか百年前からである。氷床の一〇〇〇メートル以上の深さに達する深層掘削が成功すれば、数十万年前からの気泡が得られ、酸素同位体比や、二酸化炭素の経年変化が得られるのである。地球上の温暖化が心配され始め、過去の地球環境への関心が増大して氷床の深層掘削の重要性が再認識された。

日本の雪氷研究者たちは一九九五年から三〇〇〇メートルの深層掘削を始めるべく検討を重ねていた。そのため一九八二年に、まず掘削を行う地点を探すことから始めた。一九六九年に実施された昭和基地と南極点を結んだ極点旅行で、昭和基地の南およそ一〇〇〇キロ付近は標高三八〇〇メートルと、富士山より高い氷原が広がっていることが分かっていた。その最高点付近を「ふじ峠」と呼んでいた。

極点旅行のために開発された雪上車は幅およそ三メートル、長さ六メートル、高さ三メートルほどで、重さは約一〇トンあった。運転席と助手席の間にはエンジンルームがあって仕切られ、上半身は見えても互いに行き来はできない。運転席の背後に二段ベッドが二つある。昼間はベッドをたたみ、下段のベッドが長いベンチになる。後部の扉から出入りするが、その両側には棚があり、そこに通信機や観測機器を置いたり、調理台を設けたりなどする。

内陸旅行ではこの大型雪上車数台がそれぞれ数台のそりを引き、キャラバン隊を構成する。そりの中にはカブースと呼ばれる幌付がある。一つはトイレカブースで、簡易トイレが備えられ、もう一つは食堂用として、調理器具一式に食卓などが並んでいる。といってもガタガタ揺れるそりであるから、それらはきちんと固定してある。トイレカブースがなかった時代は、キャンプ地に到着するとまず穴を掘り、風よけに雪のブロックを積んでトイレとし、用を足した。

キャンプでは雪上車からそりを一台一台離して、風上に向けて横一列に並べる。雪上車も同様である。内陸氷原はほとんど無風状態でもサラサラと雪が流れるように風が吹

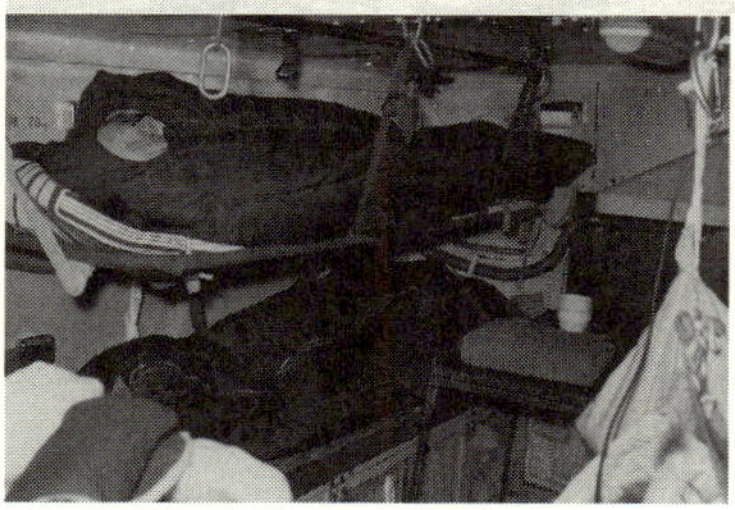

昭和基地を出発する旅行隊（上）と、
大型雪上車内の二段ベッド（下）

いている。物があるとその陰に雪の吹き溜まりができる。運悪く夜中に強い風が吹いたり、ブリザードが来たりしたら、雪上車やそりは埋まり、その先は何百メートルも延びる。雪上車やそりのような大物ではなく、木の箱一個でもそこからは畑の畝のごとく延々と細い雪の吹き溜まりが延びている。従ってそりを繋げたまま風上に向かって縦に並べてしまうと、二台目以降のそりを引きだすのに苦労する。面倒でもすべてを風に向かって平行に並べることになる。

旅行中の食事は朝食にはおじやや雑煮といった、温めればすぐ食べられるレーションがあるのでそれを食べる。そして各自はポットに温かい湯を入れ、雪上車に持ち込む。昼は自分のポットの湯を使いながら、ビスケットだのパンだのをかじる。エンジンルームもあり暖房を入れてあるので、雪上車の内部は気温がプラスになるから、昼食用の食べ物が凍ることはない。また、移動中に調査や測定がない時はとにかく走れるだけ走る。

夕食は旅行中でもっとも楽しい時間である。焼肉だのステーキだのと三日から四日で同じメニューを繰り返すレーションができており、時間をかけて食事を楽しむ。アルコールが好きな人はコンクウイスキー（アルコール度が四〇度以上ある濃縮ウイスキー）のオンザロックや雪割りを楽しめる。

雪上車の二段ベッドは決して快適ではない。どの旅行も一台に四人寝ることは少ないようだ。私は、下段のベッドは使わず暖かい上段を使った。とはいえ初めての日には驚いた。面倒だし、場所をとるので寝袋を広げたままベッドを上げた。寝ようと思いベッドを下げ、寝袋に潜り込んだら寝袋の壁に触れていた部分には氷が張りついていた。車内の温度はプラスだがその壁面はマイナスで、雪上車の中の水分が凍っていたのである。

内陸旅行中、太陽は沈んだがまだ明るさの残る地平線に登ってきた中秋の名月を見たことがある。雪原上の月は大きく見え、神々しかった。内陸氷原の好天の夜、その星空はすばらしい。さそり座は私の好きな星座の一つだが、日本では夏の南の空に横たわり、それほど大きさを感じなかった。ところが南極ではサソリの尾が天頂にあり、そこから地平線へと垂れ下がるように爪を延ばす、雄大な星座で、しばしば圧倒された。三六〇度見渡す限り平坦な舞台でのオーロラの乱舞も、また島影や建物の影が入る基地で見る姿とは異なり、忘れがたい記憶となっている。

雪上車は単体で走れば時速二〇キロから三〇キロの速さになるが、内陸旅行では一台の雪上車が三〜四台のそりを引くことになる。けん引力は自重の一・五倍ぐらいはあるので総重量一〇トン以上は引けることになる。このくらいのそりを引くと内陸氷原での速度は速くても時速五キロ程度である。また一キロ走るのに五リットルほどの燃料を必要とした。

内陸旅行はほとんど目標物の無い雪原を進む。退屈だという人もいるが、私はあまり退屈しなかった。まず雪面が千変万化する。雪だからといって決して平坦ではない。風のために削られ凹凸のある雪面でサスツルギと呼ばれているところもある。青氷が露出しているところもある。平坦に見える雪原も、決して平坦ではなく、ゆるやかな登りであったり、下りであったりする。

昭和基地からみずほ基地へ向かうルートでは、進行方向の右手西側に緩やかな傾斜がある。もちろん注意深く見ていないと気がつかないほどの緩やかさではあるが、確かに雪原が白瀬氷河が流れる方向に傾斜していることが分かる。また白一色と思われる雪原も変化に富んでいることが分かり、楽しめる。これが私の内陸旅行を楽しむ秘訣であった。

現在日本隊が内陸旅行で使用している雪上車はSM一〇〇S型で重量は一一・五トン、二トン積みそり七台を牽引できる。単体の速度は時速二〇キロ、三〇度の急坂を登ることができ、マイナス六〇度の気温でも運用できる設計になっている。ただし一キロ走るのに四リットル以上の燃料が必要である。

極点旅行隊が苦労して越えたふじ峠付近を境界として、氷床は昭和基地側のリュツォ・ホルム湾と反対側のウェッデル海側に流れる分氷嶺と考えられていた。三〇〇〇メートル級の深層掘削には一年以上の時間が必要である。掘削中に氷床が移動すると掘削孔が曲がり、掘削に支障をきたすばかりでなく、場合によっては掘り進めなくなる心配がある。分氷嶺付近なら氷床はほとんど動かないだろうと推定されていた。

一九八五年、二十六次隊の調査で、昭和基地南一〇〇〇キロの南緯七七度二二分、東経三九度三七分、標高三八〇〇メートルの地点がドーム状になっている分氷嶺の頂上と確認され、掘削地点が決まり、日本隊による深層掘削は始められることになった。

掘削機は日本で開発された。この掘削機の開発に私は関与していた。一九七八年ごろのことである。日本隊は南極での人工地震による地下構造探査を計画していた。南極大陸の地下構造がどうなっているか、ユーラシア大陸など他の四大陸と同じなのか、それとも違う構造なのかに研究者たちの関心が集まっていた。

地下構造を高い精度で知るための一つの方法が人工地震である。各国とも氷の厚さや地下一〇キロぐらいの深さまでの構造を知るための人工地震は実施していたが、地下三〇キロから五〇キロの地殻の厚さを知ることができる程度の大規模な人工地震は行っていなかった。人工地震はダイナマイトを爆発させ地震波を発生させるが、そのダイナマイトを雪面深くに装着するためには、氷床深く孔を掘削しなければならない。大規模な人工地震を起こすことが可能な、一～二トンという大量のダイナマイトを装填するための、直径が少なくとも十数センチ、深さ一〇〇メートル以上の孔を掘ることは大変だったので、南極ではほとんど実施されていなかった。

氷床表面は軟弱な積雪であるから、ダイナマイトを爆発させても地震波として伝わるエネルギーは大きくならず遠方までは届かない。探査目的の三〇〇キロの測線に沿っての構造を得るためには、少なくとも一〇〇メートル以上、できれば一五〇メートル程度の深さの孔を掘る掘削機が必要であった。そんな機械は日本には無く、私は雪氷グループで掘削機を専門にしている研究者に協力をしてもらい、素人でも簡単に使える新しい掘削機を開発した。その掘削機は日本隊が深層掘削のために開発した掘削機のモデルとなった。

私たちが使用した掘削機は、掘削ドリルと呼ぶ円筒部分の長さが三メートルで、そのドリルをケーブルによって掘削孔に宙吊りにする。ドリルの先端にある切削刃を回転させると、氷床が削られコアとなって筒状のドリルの中に入ってゆき、そのまま円筒の下部に保存される。ケーブルを巻き上げ、ドリルを引き上げコアを回収し、再び穴の中に降ろし掘削を続けるという方式である。一回で回収されるコアの長さは一・五メートル程度であるから、一〇〇メートル掘るだけでも数十回の上げ下げをしなければならない。私たちの目的とする深さは一五〇メートル程度であるから、およそ百回程度のドリルの上げ下げで孔の掘削ができた。

私たちは一六〇メートルぐらいまでの孔を掘りたかったが、開発に協力してくれた研究者は一四六メートルにしてくれという。その理由は、当時雪氷グループによる雪氷掘削での最深掘削がその深さなので、地球物理の研究者に自分たちより深く掘削され、先を越されると面白くない者がいるためということだった。南極氷床に挑戦するグループとしては何とも狭量な人たちなのかと驚いたが、とにかく私たちは目的を達することができた。雪氷グループも日本での雪氷学の地位の確立に従い、視野が広がり国際的にも通用するようになったことは間違いない。

一九七七年には私は南極の雪氷学をリードしていた国の一つ、フランスで開かれた雪氷グループの会合に、日本のオブザーバーとして出席したことがある。会合の大きな話題の一つが南極大陸内での深層掘削だった。日本の雪氷学界の重鎮に情報収集を依頼されての出席であったが、当時、その会合には日本はメンバーにも入っていなかった。出席した各国の雪氷学者に私の知っている人はおらず、日本が情報を知りたいというので、会議への出席を認めようという程度の対応だった。

掘削予定地域には「ふじ峠」の名称があったので、国際的にも「ドームふじ」の名称が与えられた。IGY以来、確認されていた南極氷床の頂上部はドームA、ドームB、ドームCと呼ばれていたが、初めて固有名詞がつけられた。

ドームふじ基地への行程

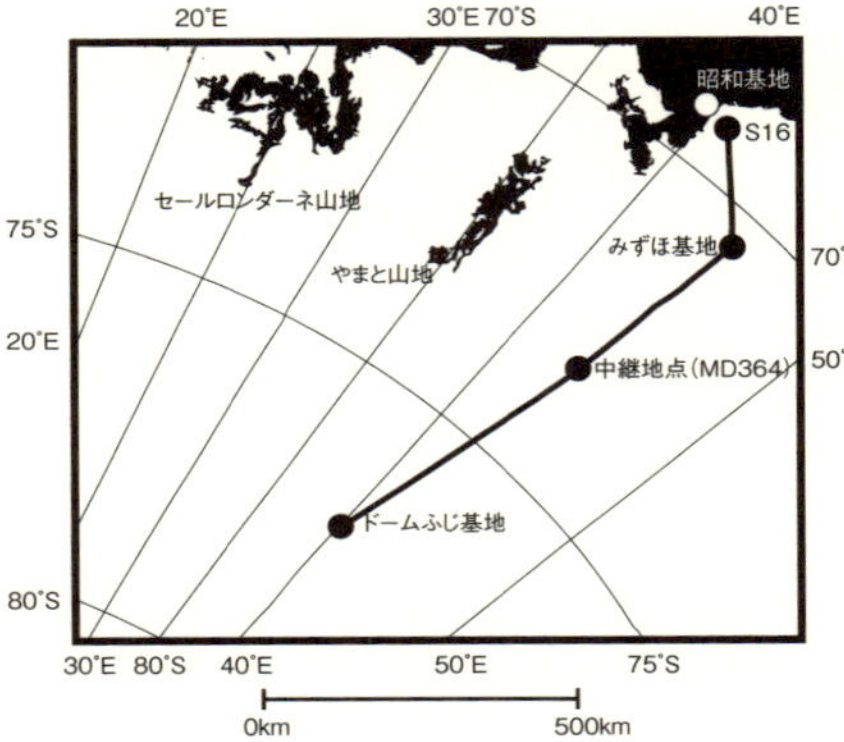

掘削のための拠点の建設も決まった。拠点を作るだけでも大きなプログラムとなる。拠点予定地まで、昭和基地から雪上車で片道一ヵ月もかかる。必要な資材の総量は二五〇トン、運搬には五年の歳月を要した。拠点は「ドームふじ観測拠点」と命名され、二〇〇四年に「ドームふじ基地」に昇格した。

一九九五年、三十六次隊で九名が拠点で越冬し、ようやく掘削が始まった。一九九六年十二月八日、三十七次隊によって第一段階の目標としていた二五〇〇メートルを超え、二五〇三メートルに達した。この時点で、掘削ドリルが孔の中にひっかかり引き上げられなくなった。このため孔を封印して、最初の目的は達成された。最深部の氷は三十四万年前に積もった雪と推定されている。

日本の南極関係者の中には、日本の雪氷グループの実力では二五〇〇メートルを掘ることは無理と広言する人がいたらしいが、彼らは見事に成功させた。さらに掘削機を改良して、二〇〇五年、四十七次隊により掘削が再開された。そして二〇〇六年一月二十三日、三〇二八・五二メートルを掘削し、孔は南極大陸の基盤に到達した。最底部で採取されたコアは七十二万年前の氷と推定されている。

日本隊が採取したコアサンプルはようやく日本に届き、研究や解析が始まっている。このコアサンプルによって七十二万年前から現在に至る地球上の気温が時代によってどのように変化してきたか、二酸化炭素（炭酸ガス）の量の変化はどうかなど、気候環境を読み解くことができるようになった。温暖化、環境の悪化が心配されている現在ではあるが、現在より二酸化炭素の量が多い時代があったことも分かってきた。過去の地球上の環境変動の研究への貢献が期待される。

地球環境の高感度センサー

地球の環境悪化が心配されるようになって久しい。特に地球温暖化の問題は、大型台風や集中豪雨の頻発で気象災害が発生するたびに語られる。そんな地球環境を考える上で、南極は気候変動や環境変動に素早く反応する高感度のセンサーにもなっているのである。

温暖化の指標として二酸化炭素濃度がある。一八世紀の産業革命以来、石炭や石油といった化石燃料の消費が急増した結果、放出される二酸化炭素の量が増え続けている。放出された二酸化炭素の多くは森林などで吸収されるが、吸収されず残った量が増加分である。二酸化炭素の測定はなるべく人為的影響の少ない場所で実施するのが望ましいので、離島や高山の山頂などが測定点に選ばれていた。たとえばハワイのマウナロアには二〇世紀になって観測所が設置され、二酸化炭素の連続観測を継続しており、もっとも信頼のおける二酸化炭素量の観測点と評価され、その結果は教科書にも掲載されている。

IGY以後、南極の基地でも二酸化炭素の観測が始まり、より一層その変化を正しく反映するデータが得られるようになった。南極大陸は一番近い南アメリカ大陸南端でも一〇〇〇キロ離れており、観測活動関係者以外の人間の活動はほとんどない。従って二酸化炭素の観測においても人為的ノイズが少なく、観測された値そのものが地球上の二酸化炭素量を表す。そして、二酸化炭素が南極各基地での観測でも確実に増えていることは事実である。

温室効果ガスの一つである二酸化炭素は、地球を包み込むように存在し、地球の熱を宇宙空間に逃がさないような働きをしているので、温暖化の原因ではないかといわれる。

ここ数年、地球上で次々に起こる気象災害は温暖化が原因といわれると、信じたくもなる。しかし、問題はそう単純でもなさそうだ。

南極半島周辺のドールマン島とジェームス・ロス島での雪氷コアの解析から、両島とも一九五五年ごろから温暖化が見られることが明らかになった。また、大陸沿岸のケーシー基地やデュモン・デュルビル基地の気象観測データも一九五七年から緩やかな温暖化を示していることが報告されている。

しかし、内陸氷原にあるボストーク基地やアムンセン・スコット南極点基地では逆に寒冷化の傾向が観測されている。

昭和基地での五十年以上の気温データでも、変化はなく温暖化は認められない。世の中は「地球温暖化」を叫ぶが、南極大陸を見る限り、場所によって異なり、大陸全体の温暖化は認められない。北極でも同じように、場所によって違いが表れている。温暖化、寒冷化といっても単に気温が上昇したり、下降したりするだけではない。場所により時代によりいろいろな要素が大きく変化する。その変動を確実に捉えるためには、地球上の多くの観測点で、長期にわたり気温をはじめとする気象観測を継続することが重要である。

地球の気温が現在より一〜二度高くなったとすると、逆に南極では氷が増えると予測されている。気温が高くなった分、水蒸気が増え、雪の降る量が増加し、南極大陸上の積雪が増えると考えられるからである。ただ、あまり氷が増えると南極氷床のうち、西半球側にある部分は、バランスが崩れ、サージにより大量の氷が海に流れ出すことを心配する研究者はいる。土石流ならぬ大規模な雪氷流の発生である。

サージが発生すれば、陸上に存在した氷塊が海に流れ出したのだから、世界中の海面が上昇することになる。その海面上昇は数メートル程度と見積もられている。もちろん二〜三メートルの海面上昇でも太平洋やインド洋の島国の中には広い国土を失う国が出てくるから大問題である。

北極海を覆う氷の面積の夏季における縮小幅が大きくなった、ヒマラヤ、アルプス、北極周辺の島々の氷河の末端が年々後退しているなど、北極を始め、中・低緯度地域での温暖化を報じるニュースは少なくない。南極でも南極半島のウェッデル海側の棚氷がなくなったというような情報もある。しかし過去六十年間、昭和基地の気温はほとんど変化していない。温暖化の傾向のある基地がある反面、寒冷化傾向もみられる。

私は「南極大陸はそんなヤワなものではない。温暖化にも十分対応する」と考えている。

第五章　かけがえのない越冬生活

一年間お金を手にしない

昭和基地での二回の越冬生活を振り返ると、やはり最初の越冬では、すべてが新鮮で楽しく、数多くの思い出が残っている。どの越冬隊も一年間を通せば山あり谷ありだが、それは基本的には日本での生活と同じである。私は公務で南極には十五回訪れている。何回行っても、行くたびに南極の自然は新しい経験をもたらしてくれる。南極は私にとって大変魅力ある場であることは間違いない。

毎年南極には観測隊を派遣しているが、私がもっともうらやましいのは、初めて南極へ行く人びとである。彼らに対し南極はどんなインパクトを与えるのか、彼らはそれをどう受け止めるのか、考えただけで胸が躍る。南極で初めて経験する数々のインパクトは二回目以後のインパクトとは比較にならないほど強烈である。

私が観測船ふじの船上から初めて南極大陸を見たときは、曇天であったこともあり、南極は全体がやや白っぽく、茫洋としていて、千里の波涛を乗り越えてたどり着いた陸地としては何となく期待外れの感があった。

だが、陸地を双眼鏡でよく見ると、茫洋とした白っぽい斜面の途中に黒っぽいものが見える。露岩であった。日本の景色の感覚では岩は頂上付近に見えるものと思っていたが、その岩の上にも白い斜面がどこまでも続きやがて雲と渾然一体となっていた。その景色から、何となく大陸の大きさを実感したことが昨日のようによみがえる。日を経るに従って少しずつ南極大陸の巨大さが分かり、そこにあるものすべてに感激するようになった。南極にいることを実感できるようになると、とにかく南極にいるということが楽しく、うれしかったので、それほどまでに感激したのだろう。

越冬生活も同じである。観測隊員のほとんどは一年前までは、互いにほとんどが見ず知らずの人たちだった。そんな人たちが狭い地域で共同生活するのである。すべてがうまくいくとは最初から思っていなかった。耐えることも、我慢することも必要だと、自分に言い聞かせ覚悟して越冬生活に入ったので、全期間を通じ楽しく過ごせた。

少なくとも宗谷の時代はもちろん、ふじの時代の初めのころは、南極観測隊員は選ばれた人たちだった。集団生活に耐え、かつそれぞれの専門分野でも優秀な人びとが推薦されていた。しかし、実際には一人一人はかなり強い個性の持ち主が多い。個々の強い個性は、時には集団を弱くすることもある。自分はそんな人間になってはいけないと自戒もしていた。

昭和基地で越冬する隊員のほとんどは一年間、基地内で過ごす。野外調査の大きなプログラムが無い隊でも、短い期間基地を離れる人たちはいるが、生活の基盤は昭和基地である。一年間、三度三度の食事を同じ顔ぶれで食べることなど、家族でもなかなか経験できないことである。

私は買い物が苦手である。欲しい品物を探すのが面倒で好きになれない。いつからそうなったか自分でも覚えていないが、少なくとも学生時代には買い物が嫌だと思った記憶はない。自分の人生を振り返ると、大学院を卒業してすぐ南極で越冬したので、それ以来ではないかと思う。

昭和基地では衣食住、すべて事前に用意されているのでお金を使うことが無い。個人的に必要な物でも出発前に用意しておく。酒、たばこなどの嗜好品も、事前に全員に支給される食卓費を集中管理しておいて、個人の好みや希望を聞いたうえで、出発前に用意されている。

近年は昭和基地でも禁煙者が多くなったというが、かつて、ふじの時代までは煙草を吸わない者は少数派だった。基地内では雑談中、テーブルに置いてある煙草に手を出すのは当たり前、誰のものかなど気にしなくてよかった。ところがこの習慣が身についてしまうと「帰国後もうっかり他人の煙草に手を出してしまい、困ってしまう」

と越冬仲間の愛煙家から聞いたことがある。バーで飲む酒も同様である。どんな銘柄の高級酒でも、そこにあるなら無料で飲める。ツケも不要である。

そんな環境だからお金を使う場所もないし、使う必要もないのである。一年以上もそんな環境の中で生活できたことを私は喜んでいた。お金を使わなくてよいというのは気楽である。そんな習慣がつくと、帰国してからの買い物も苦痛になる。いつしか私は必要な品物があると、その品物だけを目的に買いに行く習慣がついてしまった。いわゆるウインドウショッピングなどはしたこともない。買い物ついでに周辺にある商品を見ることはある。そんなときは自分の知らない商品が数多く販売されているのに気がつくが、だからといって、あちこちの店を歩き回ることはしない。新商品の知識はなるべく家族や友人との日常の会話から仕入れることにしている。

南極では昭和基地のようにお金を使わなくても済む基地もあるが、売店のある基地もある。その典型がアメリカのマクマード基地である。基地内には「シップストア」と呼ばれる売店がある。販売している品物は便せん、封筒などの文房具、歯ブラシ、石鹸などの日用品、Tシャツ、トレーナー、下着などの衣類、チョコレート、キャンデーなどのスナック類、土産物や故郷の家族や恋人に贈るための花束の注文も受け付けている。ウイスキー、ワイン、ビール、さらにソフトドリンク類などは別の場所で週何回かの販売日を決めて販売されている。数は限定されているが購入は自由である。そこでは越冬明けに、残ったビールやソフトドリンクをバーゲンセールしていることもある。

マクマード基地内での食事は夜食を含めて四度、無料で提供されている。食堂は団体食のセルフサービスで、朝食時の卵料理だけは注文に応じて調理してくれる。しかし、そこではアルコール類は飲めない。自分の部屋とか宿舎のラウンジなどで飲むことになる。ただクリスマスディナーのような特別の日だけは、ワイン持参が許されている。

夏期間によく売れるのはペンギンがプリントされたＴシャツやトレーナー、キャップ、基地のロゴが入ったプレートなどである。帰国する人たちが子供や家族、友人への土産にするのである。私も滞在中はよく出かけた。南極で金を使う珍しさがあった。私が買うのは文房具と土産のＴシャツが多かった。アメリカ製のＴシャツは丈夫で長く使えるのを知ったのは、南極で買った商品からだった。

このようにマクマード基地では個人で使用するものは原則持参し、不足した場合はシップストアで購入できるという、日本隊とは全く別のシステムである。マクマード基地に滞在しているときには、買い物をしながらも、いつも昭和基地の金を使わずに済む生活を懐かしんでいた。

南極の基地とはいってもサウスサンドイッチ諸島のキングジョージ島にあるチリのフレイ基地では、事情が全く異なる。フレイ基地では子供がいる十家族ぐらいが、多くの単身赴任者たちとともに常駐している。そして、その家族のためにスーパーマーケットが基地内にある。スーパーマーケットばかりではない。銀行、郵便局、小学校、病院、保育園と名目上は何でもそろっているという感じである。その背景には領土権の主張があって、南極生まれの国民が生活している地域であることを誇示している。

いろいろな外国基地を知ると、昭和基地はほかの基地とは全く交流がない閉鎖された社会であることを実感する。南極の田舎とか僻地と呼べる昭和基地での生活は、人生で二度と経験できないとても楽しいものだったと思わざるをえない。

一年間ひげを剃らない

私が越冬したころは二回とも、まだ女性隊員がおらず、昭和基地は男社会であった。中には「男冥利の観測隊」などと替え歌を作り、唄い気分転換をする人もいた。

水の確保も大変だった。基地の周辺に雪が積もりだすと、水槽にその雪を入れてとかして使うようになるので水の確保がしやすくなる。しかし、越冬が始まる二月ごろから四月ごろまでは、真水の池を探して給水車で汲みに行き、水槽に入れる。ところがその真水の池も凍結をはじめ水が得られにくくなる。そんな状況なので越冬を始めたころは特に節水が必要だった。

私は水不足を幸いに、毎朝のひげ剃りをしないことにした。もちろん洗面、歯磨きはするが、ひげを剃らないことで少しは節水になるだろうとの勝手な理屈である。結局、私は迎えに来たふじに戻り、当時の寄港地であったインド洋の孤島、モーリシャスで下船する直前まで十三ヵ月間以上ひげ剃りはしなかった。自分でもむさくるしい顔とは思ったが、誰にも気兼ねをすることなくひげを剃らずに過ごした（五十九頁の写真）。

私以外にも何人かはひげを伸ばした人はいた。しかし、みなそれぞれ多少はカミソリで形を整えていた。全くの無精ひげは私だけだった。

節水の目的もあり、下着はともかく上着類はあまり洗濯しない。従って毎日同じ物を着ていることになるが、全員がそんなだから、互いに特に汚いとも思わず過ごしている。ところがそんな社会へ次の隊が到着すると状況は一変する。彼らの着ている物は新しいこともあり、汚れていない。改めて自分たちの着ている物が汚かったことに気がつく。逆に新しく昭和基地に到着した人たちにとっては、前の越冬隊はなんと汚い集団なんだと思う。特に初めての隊員はその感を強くするようだ。

おしゃれや服装には興味がないので、昭和基地はその面でも居心地がよかった。

ただ風呂好きの私にとっては節水のため入浴可能なのは週二回だったのはつらかっ

た。八次隊ではオーロラの定常観測も私の仕事で、夜が明けてくると夜勤を終え午前四時から五時ごろ床に入るのだが、写真撮影で屋外にいることも多く、身体が冷えきっている。風呂に入ってから床に入りたいと思うことがしばしばだった。

近年は水事情も大幅に改善され、入浴や洗濯のルールは越冬隊ごとに決められるが、かなり自由になっている。

昭和基地ばかりではない。南極の各基地ではどこでも節水を心がけねばならない。浪費天国アメリカの基地も例外ではない。シャワーは週二回、一回につき三分以内で済ますなどのルールはあるが、それを守る人は少ない。私はマクマード基地に滞在中は毎日のようにサウナ風呂で汗を流した後、二十〜三十秒間のシャワーで身体を洗った。サウナは原則いつでも入れる状態であり、シャワーを使う回数は多いが水の使用量は想定以下で、ルールは守ったつもりである。

昭和基地の水は真水の池の水、積雪や氷山氷をとかして使っているが、どうしても塩分が含まれるので、脱塩はしている。これに対してマクマード基地では海水を処理して真水にしているから費用がかさむ。氷こそ大量にある南極だが、真水を得るのには各基地とも苦労している。

昭和基地での散髪は自分たちで互いに交代でやっていた。散髪の道具を管理する人数人が、グループを作り「タイガーバーバー」と称していた。日本出発前に床屋さんから多少の調髪の知識を得て行く者もいるが、ほとんどは素人である。とはいえどんな髪型でも気にしなくてよいから気楽である。もっとも簡単な散髪方法は散髪希望者にアラブの人びとがかぶっている、頭の上にちょこんと乗せるような帽子をかぶらせ、その帽子からはみ出している髪の毛をすべてバリカンで刈ってしまうのである。頭の上は適当にカットすればむさくるしくない髪型になった。

三食すべてシェフの手料理

八次隊が昭和基地に到着した日、私はすぐ昭和基地に飛んだ。それから始まる観測船ふじから昭和基地への荷受けのため、ほかの隊員よりも早く昭和基地に送られた。一九六七年一月四日の事である。その日の夕食時、食堂が狭いので、まず七次隊の人たちが食事をした後、八次隊の私ほか数人が食べた。新造船ふじで昭和基地が再開された最初の越冬である七次隊では、冷凍庫がうまく作動せず、冷凍食品がほとんど使えず、越冬後半では肉類も供されることがなかった。

その日の夕食のメニューはメインがベーコン炒め二切れ、みそ汁、漬物、デザートは缶詰の桃二切れだった。ただ七次隊の人たちには、八次隊が届けたばかりのキャベツの千切りや生卵が供せられた。彼らにとっては一年ぶりの新鮮な食品である。山盛りに盛られた千切りキャベツを奪い合うように丼に盛られた飯の上に乗せ、その上に生卵をかけおいしそうに食べていた。その姿を目にして、私は越冬中の食生活の厳しさを感じた。メインディッシュがベーコン二切れというのは、国内でも貧しい食生活の部類に入るだろう。しかも南極の夏、屋外労働で体力を使う季節である。

それまでの私は、どちらかといえば食事には気を遣い、少しでもおいしい物を食べたい人間だった。南極に出発前に自分自身で、食事には絶対文句を言わないようにしようと決めていた。従って越冬を終えようとしている人たちが、キャベツをむさぼり食べる姿を見て、改めて昭和基地の食生活の貧弱さを知り不満を言わないようにと自戒した。

八次隊の越冬では冷凍庫が順調に作動したので、最後まで肉類をはじめとする冷凍食品を十分に食べることができた。八次隊のシェフは洋食が専門だった。彼を助けるために、野外調査担当で中華料理の調理の訓練を受けていた隊員が、週末の二日間の調理を担当した。洋食が専門とはいっても和食も供される。ご飯とみそ汁の和食が朝食の定番であった。しかし、昼と夜は肉類もずいぶん供された。牛のヒレステーキの味を知ったのも越冬中であった。予想に反し、一年間、私は食事に不満を持ったことは全くなかった。

私は果物好きなので、缶詰の果物でも毎日食べたいが、その欲求も満たされた。夕食には必ず缶詰ながら果物が供された。今ごろ日本ではスイカの季節だ、メロンの季節だと日本の食生活を思い出すことはあっても、不満はなく、供されるいろいろな缶詰の果物を楽しんでいた。イチジクやライチの缶詰があるのを知ったのも五十年前の越冬中であった。冷凍されたイチゴもあった。解凍して食べてもおいしくなかったのでミキサーにかけ粉ミルクや練乳を入れて飲んだ。現在の言葉ならばスムージーというのだろうか。

八次隊では二十四名が越冬したが、コックは一番若かった。若い彼は自分の作った料理をみんなが気に入ってくれるかどうかとても気にしていた。少なくとも昼、夜の二回の食事時間は、彼はいつもテストを受けているような気になっていたのではないか。コックは毎食ごとに勤務評定を受けるという意味では、越冬隊員の中で一番厳しい状況に置かれているともいえる。

越冬隊の中で年齢が若い部類に属していた私は、彼とはよく話をした。

「神沼さん、今日のスープどう?」

「おいしいけれど、もう少し塩が効いたほうがいいのでは」

「だから素人は困るんだ。スープは全部飲んでから批判してよ」

「いやレストランのようにスープだけを飲むのではなく、ここでは味噌汁と同じようにおかず感覚で飲んでいるだろう。皆外での労働が多いんだよ。だからもう少し塩を効かせたほうが良いのでは」

「分かった」

というような会話がときどきあった。

彼が忙しいというので、たまには手抜きをしろとアドバイスした。

「昼は漬物とお茶漬けだけでよいのだ。」

「俺にはそんな手抜きできないよ。」

「いや手抜きではないよ、野外労働がほとんどないのだから、そんなにお腹は空かないんだよ。その代わり夜はすき焼きか鍋のような豪華な食事にしたらどうだ。」

というような会話もあった。

一九八〇年代からは昭和基地の食堂にソフトクリーム製造機が置かれた。甘い物が好きな私は二回目の越冬のとき、ソフトクリーム係をかってでた。ソフトクリーム製造機の管理では、細菌の繁殖を抑えるための洗浄が重要である。水を節約しなければならない昭和基地だから、頻繁には洗浄はできない。そのためソフトクリームを提供する回数を少なくしたというのが前の隊からの引継ぎだった。昭和基地に搬入されたソフトクリームの全体量から、計画を立て週二回の映画の日と祝いごとのある日（またはその前後）をソフトクリームの日と定めた。映画の合間など に皆がよくソフトクリームをなめていた。

二カ月の調査旅行に出ていた旅行隊が基地に戻った日、特別にソフトクリームを供した。旅行隊の人たちには自由に何個でも食べろと言ったところ、一度に十五個食べた人がいて驚いた。うまかったのだろう。

八次隊で野外調査が始まった十月末から約二ヵ月間、調理担当は一人となった。シェフを休ませるため、日曜日の昼食と夕食を基地にいる隊員が交代しながら食事を作ることになった。日曜日の朝食は、前夜、シェフがご飯やパンなどを用意しておいてくれる。またシェフは日曜日の担当者にどんな料理を作るかを聞いたり、こんな料理を出したらどうかと準備をしてくれたりしていた。

ある日、私が担当になったので、冷凍のサトイモ、ニンジン、干しシイタケ、昆布、鶏肉などを用意してもらった。母親の味を思い出しながら煮しめを作った。洋食専門のシェフが作ったことの無い料理だったので、素人料理でも好評だった。

同じようなことはニュージーランドのスコット基地に滞在していたときにも経験した。夏のスコット基地は十名の越冬隊のほか調査や基地建設などの作業のため、五十名以上が常時滞在している。食事は一人だけのシェフが毎日準備し、並べ、すべてブッフェスタイルのセルフサービスである。食後の皿洗いは「ハウスマウス」と呼ばれる、日本流にいえば「当直」の人が行う。

ここでもシェフを休ませるため、日曜日だけ二名のハウスマウスが昼食、夕食を調理することになっていた。ある日曜日、私がハウスマウスになった。昼食はニュージーランド人の相棒がサラダを作って供し、夕食は私に何か日本食を考えてくれという。「すき焼きを作ろうか」と提案するとすぐ賛成してくれたが、考えてみるとニュージーランドビーフ以外は材料がほとんどない。

幸い野外で使用するため日本から持参した醤油と酒があった。実はこれは私が自分で使うのではなく、一緒に調査を行うアメリカやニュージーランドの友人たちのために持参したのである。使ってしまっても支障はない。調味料としてはそれを使うことにした。肉はニュージーランドビーフで一人一〇〇グラムとしても、最低五キロは必要である。肉は七キロ用意してもらい、相棒が苦労しながらスライスしてくれた。もちろん日本で食べるすき焼きのように薄くは切れないが、できるだけ薄く切ってもらった。

長ネギはないので玉ねぎで代用、そのほか基地にあった野菜ですき焼きに合いそうな食品を捜し、醤油、砂糖、酒で味を付けた。すき焼きどころか牛肉と野菜の煮込み料理になってしまった。普通はサラダに沿える程度の米も、ご飯として食べられるように並べてみた。結果は好評だった。瞬く間に「すき焼きもどき」はなくなり、我々は急いで追加の料理を作った。結局この日調理した牛肉は一〇キロを超えた。

日本やニュージーランドばかりではない。多くの基地が限られた人数で越冬している。シェフが一人だけの基地も少なくない。そんな基地では一般の隊員がシェフを助けることになる。昭和基地の当直もそうだが、各基地ではハウスマウスはほとんどの隊員に平等に割り当てられる。南極は観測も重要であるが、そこで安全に生きていくことが何よりも優先されるからだ。

マクマード基地は事情が違う。夏の間は千人、冬期でも二百人が越冬しているので、すべてが団体食のセルフサービスである。それだけにメインディッシュに相当する料理も必ず肉と魚の両方が供され変化に富む。ウサギの肉が出ることもある。夏期間は週に二～三回はニュージーランドから届くので、生鮮野菜も、果物も、スイーツ類も豊富である。ソフトクリーム製造機も置いてあり自由に食べられる。アメリカの他の基地も同様であるが、シェフも複数いるので、一般にほかのメンバーが調理を手伝うことはない。

昭和基地で越冬した者から聞いた話である。ある隊でシェフの一人が全く仕事をしないで困ったことがあった。例えば、朝食はご飯とみそ汁にお茶漬のり、昼食はインスタントラーメンというようなことがしばしばあった。もちろんほとんどが屋内の生活になる極夜の季節なら、隊員たちも運動量が少ないので食欲も落ちるからまだ理解できる。しかし、白夜の季節でも同じような対応だった。屋外労働をしていて、昼食は個人個人で作るインスタントラーメンでは、満腹感は得られない。

隊長もずいぶん注意したらしいが、結局そのシェフの手抜きは越冬の終わりまで続いたという。越冬中の楽しみは食事である。だからほとんどのシェフは隊員に決定すると自分の腕が振るえる食生活を考え、メニューを作り、食材を準備する。しかし手抜きシェフはそんなこともしてこなかったのかもしれない。食事の楽しみを奪われたのだから、その隊の人たちは気の毒だった。

私は十カ国以上の十数カ所にのぼる基地を訪れている。訪れたほとんどの基地で食事を御馳走になったが、国それぞれの習慣の違いはあるものの、どこの基地でもおいしかった。もちろん、私という客がいたから、もてなし用の料理を作ったのではない。ごく日常的に調理している料理を、たまたまいた私に食べさせたのである。そこでの実感は、楽しみの少ない南極で食事は誰もが期待している最大の楽しみであるから、各国ともそれなりに気を遣い、準備しているのだろうというものである。

昭和基地の食材は出発前に渡される食卓費を個人には渡さず、まとめておいて使用する。調理担当の隊員が一年間の食生活を考えながら準備する。その中には各隊員の誕生祝い、ミッドウインター、クリスマス、正月などのための特別料理メニューも含まれる。

国産ばかりではない。寄港地のオーストラリア・フリマントルでもオーストラリアビーフやマトン、エビ、生鮮野菜、卵、果物などを購入する。オーストラリアでエビを購入したときのことである。搬入されたエビが小さいので、大きいのと取り換えてくれと隊員のシェフが注文を付けた。ところが大きなエビはすべて日本に輸出してしまうので、ここでは買えないという答えに、立ち会っていた一同笑い出してしまった。

とにかく吟味して原材料を調達し、調理は専門のコックがするので昭和基地の食生活の悪いはずがない。三度三度の食事を、皆ついつい食べ過ぎてしまって、体重調整に苦労する。特に極夜の季節には運動量も減り、食べ過ぎからほとんどの隊員は体重が増えてしまう。夏期になって屋外労働が増えても体重は減らない。帰国時に、出発前と比べて数キロは体重が増え、中にはズボンのベルト調整に四苦八苦する人もいる。それだけ楽しくて、おいしい食生活を昭和基地では送れるのである。

今は昔・古い映画が大好評

宗谷時代、ふじ時代の昭和基地の娯楽の主流は映画だった。観測隊が購入したものはほとんどなく、映画会社から寄贈されたり借用したりしていた。隊の庶務担当がその役目を引き受けていた。テレビの普及とともに、テレビで放映された番組のフィルムが同じように寄贈されたり、借用したりした。

宗谷時代の話である。ドラマを見ていたある隊員が、主演女優の名を挙げて「彼女が俺を見て笑った」と大喜びする話が伝説として残っている。

昭和基地では隊ごとに、上映日を決めることになっていた。ほとんどは前の隊からの経験を引き継ぎ決めていた。たとえば毎水曜日と土曜日と祝日というように、ほぼ週二回に加え月一〜二度のサービス日があった。

昭和基地には日本や外国の名作を含め、長編、短編合わせて百本以上の映画フィルムがあったので、この程度の回数だと、同じものを見ないでも一年間過ごせる。しかし中には好評を博したドラマのアンコール上映もある。

時代とともに昭和基地には古いフィルムが数多く溜まってきた。ある年、テレビ局の記者が同行記者として参加した。彼は基地で映画を楽しむ隊員たちを取材しながら、在庫のフィルムを調べ自社のフィルムがあるのを発見した。帰国後彼が社内を調べたら該当するフィルムがなく、「自分の社に残っていないフィルムが昭和基地に残っている」と話題になった。

このように意外なフィルムが昭和基地に保存されている。若い世代の知らないあるいは名前しか知らなかった俳優、女優の演ずる古い映画を昭和基地で楽しむことができた。日本ではほとんど映画を見ない私は、どの映画にも興味が持てた。名監督黒澤明の映画も昭和基地で初めて見た。外国映画はどれもモノクロで、宗谷時代から引き継がれているものばかり数本があった。これも人気があった。

映画の中のセリフが基地内の流行語になることもあった。ある映画で昔の恋人と再会し、コーヒーを飲むシーンで、「君は（砂糖はスプーンで）二杯半だったね」という場面があった。次の日から「二杯半」が基地内で流行した。誰かがコーヒーを用意してくれると必ず「砂糖は二杯半」の声が出た。この傾向は帰国後に会ってもしばらくは同じような状態だった。

あるテレビ会社からの寄贈で、『赤い鈴蘭』という題名の数十回の連続ドラマがあった。確か一巻は三十分だったから、映画の日には二〜三本続けて上映された。ドラマが佳境に入ってくると、早く先を見たいという要望が続出した。

「北海道函館湯の川温泉北洋館の一人娘北沢早苗には……」で始まるナレーションは半世紀を経た今日でもよく覚えている。担当者はいろいろ工夫して観客からの要望に応えて、単調な越冬生活に楽しい潤いを与えてくれた。何回も見ているのでこの連続ドラマのナレーションや歌はすべて覚えてしまい、今日でも仲間が集まれば口を衝いて出る。

帰国後、地震研究所の若い女子職員にこのテレビドラマの話をしたところ、「自分は『赤い鈴蘭』が大好きで、毎週必ず見ていた」という。私たちが出発する前の比較的早い時期に放映されたらしい。私の世代より十歳ほど若い十代後半から二十代前半の女性に人気があったようだが、南極では「おじさんたち」に好評だった。

越冬が二回目になると、前回の越冬で記憶に残っているフィルムをまた見たいと期待する。また知っている内容を担当者に話しておくと、基地の空気を読みながら適宜上映してくれた。前回よりはフィルムの傷が増え古くなってはいたが、再び見られて楽しさは倍増した。

現在の昭和基地の映画、テレビの事情は大きく変わった。世の中はテレビの全盛期となり個人でも大量のビデオが簡単に昭和基地に持ち込める時代になった。基地のサロンのテレビには、これらの映像が繰り返し上映され、楽しむ時代になった。同じ歌番組を繰り返し見る若い隊員に「そんなに同じ番組を繰り返し見て楽しいのか」と聞いた。彼の答えは「気に入ったレコードは何回も聴くでしょう、それと同じですよ」というもので、納得したことがあった。

ビデオテープはＤＶＤになり、持ち込む数は格段に増えた。個人個人が好きな映像を楽しむ時代になった。

映像娯楽のほか、昭和基地では麻雀、囲碁、将棋などはそれぞれ愛好者がグループを作り楽しんでいることが多い。またトランプのブリッジに興ずるグループもいる。これらのゲームは主に夕食後や休日の午後に楽しんでいる。毎月それぞれのゲームごとに、勝敗表をつけるというように、それぞれが工夫をして、単調な越冬生活に潤いを持たせている。

基地の娯楽は隊によって流行り廃りがあるが、各隊とも同じように楽しまれているのが「キャロム」である。四角い盤の上で指で駒をはじいて相手の駒をコーナーに落とすこのゲームは国際組織もあるようだが、日本にいるときはほとんどの人が知らず、観測船に乗ってからようやくゲームのやり方を覚える。その延長で昭和基地でも気軽に楽しめる。一ゲームが数分で終わるので昼休み、夕食後の食休みなどの時間に息抜きとして続いている。

半世紀過ぎても固い絆

ふじの時代に入り、八次隊からは毎年二十名以上が昭和基地で越冬してきた。さらに隊によっては、みずほ基地、あすか基地、ドームふじ基地などで数名が越冬しており、多いときは越冬人員が四十名近くになっていた。

成人男性が一年間狭い基地の中で暮らすのだから、毎日、毎日、ニコニコした生活ばかりできないことは自明なことである。ところが選ばれた成人男性、大きな問題も起こらず半世紀以上が過ぎている。そして女性も越冬するようになって二十年近くが経過している。

私は越冬生活について聞かれると、隊員は大人ですから皆、仲良くやっていると答えている。心からそう思っている。しかし、自身の越冬生活を振り返ると、やはり気の合う人、合わない人、なじめない人などがいるのは当然である。

例えば毎日食堂で一緒に食事をする仲間に、食後、必ず自分の箸を爪楊枝代わりにして歯の掃除をする人がいた。このときは食事の席は決められていたので、その人を避けることができない。結局、毎食ごとに、不快な思いをしながら、顔にも出せず、耐えて一年間を過ごした。しかし、そのほかの事では、その人とも仲良く過ごしていたのである。

一年間同じ屋根の下で暮らし、食事を共にしているうちに、何人かとは兄弟や兄弟以上の気持ちが芽生えてくる。越冬から半世紀が過ぎても交流が続いている。その中の一人とは、昭和基地での部屋が隣同士でもあり、年齢も近かったので特に気が合った。戦争中の歌に「着いた手紙を見せ合って、身の上話を繰り返す」と言う内容の歌詞があったが、昭和基地での交わりは、まさにその歌の通りだった。当時の家族との通信手段は電報だったが、電報を受け取れば見せ合う、彼が婚約者に打つ電報は、必ず一緒に文面を考えたりなど、思い出は尽きない。

帰国後は年賀状の交換と、たまに会う程度だったが、数年前、二週間ほど二人でネパールへ旅行をした。旅行に出るのを決めたのも話が出てすぐで、速戦即決であった。二週間ホテルの同じ部屋に泊まって旅を続けたが、二人とも長いブランクを感ぜず、すぐに南極での越冬中のペースで過ごすことができた。周囲の同行者からもうらやましがられる関係だった。

中国の『史記』には「刎頸の交わり」という言葉があるが、昭和基地で一緒に過ごした仲間の何人かとは、まさにそのような関係で、太い絆で結ばれている。

越冬仲間では帰国後も、昭和基地での呼び名が通用していた。あだ名あり、役職名あり、「〇〇ちゃん」とチャン呼ばわりされる人もいる。日本ではいい大人がチャン呼ばわりでは不自然だが、越冬仲間の間では何の違和感もないのである。

私にとって、南極での越冬によりかけがえのない友人を得られたことは、何物にも代えがたい大きな財産を得たと感謝している。

最悪の日

昭和基地で共通の雑用を交代で「当直」が担当するシステムは宗谷時代に確立された。宗谷時代の当直の仕事の一つが水汲みだった。四月ごろになっても水槽に入れる積雪がないこともある。宗谷時代の水の使用量は一人当たり一日二〇リットルぐらいだった。風呂のあった日はもう少し多かったとは思うが、とにかく炊事、洗濯、洗面、などすべての水を牛乳パック二十本分の水でまかなうのである。

全員が毎日使う水を汲んでくるのが当直の仕事である。当時はまだポリ容器などはない時代だった。ブリキの一斗缶を背負子にくくり付け、真水の得られる池を求めて歩いて行く。目標となる池はあるが、四月となると凍結してしまう池もある。とにかく一斗缶を背負っての水汲み、水運びは大変な作業だったと想像している。

水汲みでは私も苦労したことがある。五十年近くが経過した今日でもその日のことは覚えている。八次隊では二人一組で当直を行った。隊長とシェフだけが免除されているので、おおよそ十日に一回の頻度で当直が回ってくる。四月の後半、運悪く風呂の翌日に当直が回ってきた。当時の一日の水使用量は一人五〇〜六〇リットルであった。それが風呂の日の翌日は洗濯日でもあり水の使用量は急増し、八〇リットルから一〇〇リットルぐらいになる。

四月の中旬、昭和基地の日の出は九時ごろ、日没は十五時ごろである。オーロラ観測のため三月から夜勤を始めていた。その日の天候状態にもよるが、寝るのが三時から六時ごろ、起床は十一時から十二時の昼食の直前である。その当直の日、いつもより早めの十時ごろ起きて食堂に行くと、私の勤務状態を知っている相棒が、風呂やトイレの掃除は済ませてくれていた。

すぐ水汲みに行こうと給水車で一次隊から水を汲んでいたので「水汲み池」と呼ばれている池に行った。表面の氷を割って、給水車の採水ホースを氷にあけた穴に入れる。最初は順調で五〇〇リットルの水を汲み、基地の水槽に入れた。十一時ごろだったのでもう一度、水汲み池に行った。ところが先ほどあけた穴を使い採水を試みたが、水汲み池の水はほとんど無くなっていた。何とか給水車の満タン近くまで水を吸い上げ、基地に戻った。

急いで昼食を済ませ、二十五時間しか記録できない地震計の記録器を交換し、十三時前には再び給水車を駆使して海氷上のパドルに水を汲みに行った。夏の間、強い直射日光で海氷がとけて、あちこちに池が出現する。この池をパドルと呼ぶ。パドルの中には底の氷がとけ海水とつながった底なしパドルもある。パドルが発達する夏は、海氷上の雪上車の走行は細心の注意が必要である。

四月になるとパドルの表面も凍る。そして真水が閉じ込められているパドルがあるので、そんなパドルから真水を得るのである。目をつけておいたパドルは、運よく真水ですぐ採水して基地に戻った。しかし、基地の水槽にはあと一〇〇〇リットルぐらいは必要なので、新しいパドルを探すのに二十分ぐらいの時間を要した。ようやく真水のパドルを見つけ穴を開けいざホースを下してみたら、取水用のホースの先端に氷が付着していた。太陽が地平線近くになり気温が急に低くなったためである。

とにかくその氷を叩き割り、何とか採水して基地に戻ったら十四時半を過ぎ、太陽は北北西の水平線近くまで来ていた。採水用のホースは再び凍結していた。もう一回採水したかったが、二日分位の水は十分あったし、暗くなってきたのでやめた。基地に戻るとすぐオーロラ観測用の全天カメラにフィルムを装着し観測の準備をしたり、地震計のチェックをしたりした。本来なら昼間、明るいうちにやるべき仕事だが、当直だったので仕方がなかった。二回の越冬生活を含め、南極でこの日ほどつらい思いをしたことはない。私にとっては「南極生活最悪の日」であった。

昭和基地は観測のために維持されている基地である。だからタテマエでは観測はすべてに優先されるべきである。しかし、それ以前に隊員全員が安心して生活できる基地でなければならない。越冬者は各自仕事を持っている。だから雑用は平等に、当直も平等に割り当てるのが原則になっていた。一つの生活の知恵である。

私は越冬中、みんなが嫌うブリザードが好きだった。好きだというより、ブリザードのときはほっとするのである。その理由はオーロラの観測をしなくてよい、地震記録は風のためノイズが大きく、地震が記録されていても読み取ることができないので、レポートには「ノイズ大」とすればよいので楽だからである。早く寝ることもできた。だからブリザードの日には、それまで溜まっていた全天カメラのフィルムやスチール写真の現像、読み取った地震記録の整理などができた。夜も気軽に麻雀に付き合え、映画の日には心おきなく楽しめた。

四月下旬から五月に入れば、基地周辺にも積雪ができ、水槽に雪を入れることで水が得られた。昼食後の全員（略称は「手空き総員」）で雪入れをするのが日課になる。身体を動かすことができるので良い日課であった。また海氷も固くなり、遠方の氷山まで氷を取りに行くこともできる。そり二〜三台で氷山氷を採ってきて、必要に応じ全員で水槽に入れる。十二月ごろまで昭和基地には真水の心配はなくなる。

基地での水の使用量は、設備の充実とともに少しずつ増えていった。一九八〇年代前半では、一日当たり一人六〇〜七〇リットル、風呂の日は一〇〇リットルに達することもあった。現在は風呂もかなり自由に入れるようになったというから、水の使用量はさらに増えているだろう。

同じ外国基地でも、ニュージーランドのスコット基地では、やはり一九八〇年代一日当たり一人六〇〜七〇リットルで、昭和基地とほぼ同じだった。ところがマクマード基地では九〇〜一〇〇リットルで「いくら節水を呼び掛けても、水の使用量が減らない」と関係者はたびたび不満を口にしていた。昭和基地もスコット基地も食器は手洗いであった。ところがマクマード基地の食堂はすべて自動水洗であった。それだけでも水の使用量は多くなる。贅沢なアメリカ人は南極でも、なかなか節約、節水の心が芽生えないのだろうと感じた。

忙しい

越冬中、基地では造水のための雪入れ、氷採り、除雪、食料庫の整理などいろいろな共同作業がある。このような作業は参加できる人が参加する「手空き総員」と呼んでボランテイアを頼む。例えば「明日十三時から約一時間、ドラム缶の移動の作業をする。最低十名必要。参加できる人はいるか」と全員に聞くわけである。それぞれの仕事には担当者がいるが、多くの人手がいる場合に、ボランテイアを募るのである。ほとんどの人が協力してくれる。単調な越冬生活である。生活にメリハリをつける意味で、手空き総員の作業に可能なかぎり参加することはプラスの要素が多いのである。ところがそのような時に「自分は忙しいから参加できない」という人が出てくる。もちろんその時間にしなければならない仕事のある人もいる。そのような個々の事情は互いに理解している。諸般の事情を割り引いても、時間のありそうな人でも、「忙しい」を連発する人がいる。

注意してみていると、「忙しい」を連発する人はまだ余裕がある人だということも分かってきた。本当に忙しい人は、つべこべ言わず黙々と仕事をしている。誰も交代できない職種なのでとにかく自分ですべてをやる。そんな生活なので、共同作業にも出て、日常生活に変化を持たせていたようだ。

従って、越冬中は黙々と仕事をしている人には過労になっていないか、精神的負担はないかなど気を配ることが必要であった。

観測隊は隊長といえども、隊員一人ひとりとは上下関係にはない。越冬中は上司のごとく感ずる人もいるようだが、実際にはそれぞれの出身母体から参加した大切なお客様である。日本国内の組織では、上司の命令を聞かない人は左遷も可能である。しかし観測隊ではそのようなシステムはない。うっかり批判しようものなら出身母体から反発もされる。それを見越してか、何を言われようと日本に帰れば関係ない、とあくまでも自分のペースを守る者も出てくる。

逆に出身母体を代表して参加している、名誉にかけても悪い評価になってはいけない、と自重したり、頑張る人もいる。自分の仕事以外に黙々と人のやらない仕事をやってくれる隊員には何度も頭の下がる思いをしたこともある。

何回か南極に行った人たちの間にある格言が「人の仕事と自分の仕事を比べない」である。それぞれの職種の仕事内容は異なるので比べること自体が難しい。しかし、比較すれば、ほとんどの人が自分の物差しで見て、自分の仕事が大変だと考える。比較できない内容を比較して、自分は大変と考えることそのものが、無意味であると気がつく人は少ない。また自分の物差しに固執してしまい、他の物差しや視点で物を見る、つまり他人の立場で考えることもなかなかできないようだ。

帰国後、「多忙とは怠け者の遁辞である」（徳富蘇峰）という言葉があることを知った。

チャペル・オブ・スノウ

「チャペル・オブ・スノウ」はアメリカ・マクマード基地にある教会の名称である。

日本語に訳せば「雪の教会」である。初めてこの基地を訪れたとき、キリスト教の教会があるのに驚いた。毎日曜日をはじめ、クリスマス、新年、そのほかの祝祭日にはミサが行われる。そのミサは時間を分けてカソリックとプロテスタントの二回行われている。私は一度も参加していないので、両派の司祭や牧師がいて、それぞれのミサを挙行するのか、ひとりで両方を執り行うのかは分からなかった。当時のマクマード基地の運営は海軍が行っていたので海軍の宣教師が一名、少なくとも夏の間は滞在していた。

この教会のミサには、隣のスコット基地の人たちも来ていた。

教会の建物は二回ほど火災が起きて建て直されている。私が知っているのは最初の火事で焼失し、以後に建て直された建物と、二回目の火事で建て直されたものである。そして最初に建て直された教会の中には「懺悔の部屋」もあった。「懺悔の部屋」と書いたが私は正式な呼び名を知らない。しかし外国の教会に行くと、牧師が中の部屋に座り、姿は見えず小窓がある。入口はカーテンの仕切りがある。そんなところにひざまずき懺悔をする。

ヨーロッパのどこかの教会で見た光景だが、立派な成人男性が懺悔を終えて出てきたが、その目から涙が溢れていたので、感動したことがあった。そんな記憶があるのでマクマード基地の教会の懺悔の部屋にも興味を持った。南極に来ても、帰国を待つことなく心を悔い改めたい人がいるのだろう。

教会があるのはマクマード基地ばかりではない。アルゼンチンやチリの基地にもあった。ウルグアイの基地では、教会の建物はなかったが、食堂棟の中の一室が、祈りのスペースであった。祭壇があり十字架が飾られていた。

キリスト教徒の人々に、教会は、あるいは教会で祈ることは、日常生活の中で欠かすことができないのであろう。あまり宗教に関心のない私自身を含め多くの日本人にとってはなかなか理解できないことである。

昭和基地に南極神社、あるいは昭和神社などを建立する、あるいは必要と考える人がいたとは、聞いたことがないのでおそらくいなかっただろう。寺院についても同じである。神社や寺院があろうがなかろうが、越冬隊の精神には全く影響しないと考える。

現在イスラム教の国々は南極に越冬基地を

マクマード基地の教会、チャペル・オブ・スノウ。この建物はその後焼失した

持っていないが、もしあったらモスクも併設するのだろうか。少なくとも彼らは一日五回の礼拝はするだろうから、そのような部屋が作られるのは間違いないだろう。

最高の南極土産

宗谷時代、ふじ時代、南極観測隊員に選ばれ、南極行きが決まると、友人、家族から「小石でよいから南極から拾ってきて欲しい」と頼まれることが多かった。南極で生産しているものはないのだから、そこにある石が何よりの土産であった。これ一個を持っていくと「銀座で一晩タダで飲める」と豪語する人もいた。

しかし、一九九一年に採択され、一九九八年に発効した「環境保護に関する南極条約議定書」によって南極にある自然物の持ち帰りはすべて禁止された。もちろん石の持ち帰りもできなくなった。議定書では逆に、人間が南極に持ち込んだものは全て持ち帰ることも規定している。この議定書によって、昭和基地ではずっと放置されてきた使えなくなった車両やドラム缶などの不燃廃棄物を少しずつ日本に持ち帰り、整理した。また焼却処理した隊員の排せつ物の灰も持ち帰っている。

ふじの時代になって、南極出発前に、南極の地図の入った風呂敷、ペンギンがデザインされたネクタイピンなどの南極グッズが製造され販売されるようになった。隊員たちはこれを購入し、出発に際しもらった餞別のお返しなどに使った。

一九八〇年、二十二次隊で私が再び越冬に行く前に、それまでにない南極グッズを作った。それは南極の風景写真のカレンダーとペンギンがデザインされたTシャツである。ともにマクマード基地やスコット基地で売られている品物を真似して作ったのである。どのくらい売れるか分からず、赤字になったら自費で負担しようと覚悟して作ったカレンダーは好評だった。おかげで若干の利益が出たが、それは隊員全員の食事会で使った。

以来、毎年、それぞれの隊がカレンダーを作るようになった。またTシャツも同様で、大人用ばかりでなく、子供用も作られている。

その他近年は、それぞれの隊のロゴマークの入ったタオルだとか、ストラップだとか多種多様の南極グッズが作られ、隊員が購入し配っているようだ。

私の時代は石の持ち帰りができたので、卒業した小・中学校へ「南極の石」として、寄贈した。しかし、私にとっての最良の南極土産は昭和基地の消印を押した切手である。

八次隊で越冬した一九六七年当時、ハガキの値段は十円であった。台紙に十円以上の切手を貼ると、昭和基地の郵便局で消印を押してくれる。郵便局とはいっても郵政省電波研究所（現情報通信機構）から派遣された電離層観測のために越冬する隊員が郵便局長で、観測室の一隅に郵便局用の机を置き、そのわきにポストを置いている。そこに毎日郵便物を投函することも可能であるが、もちろんそんなことをする人はいな

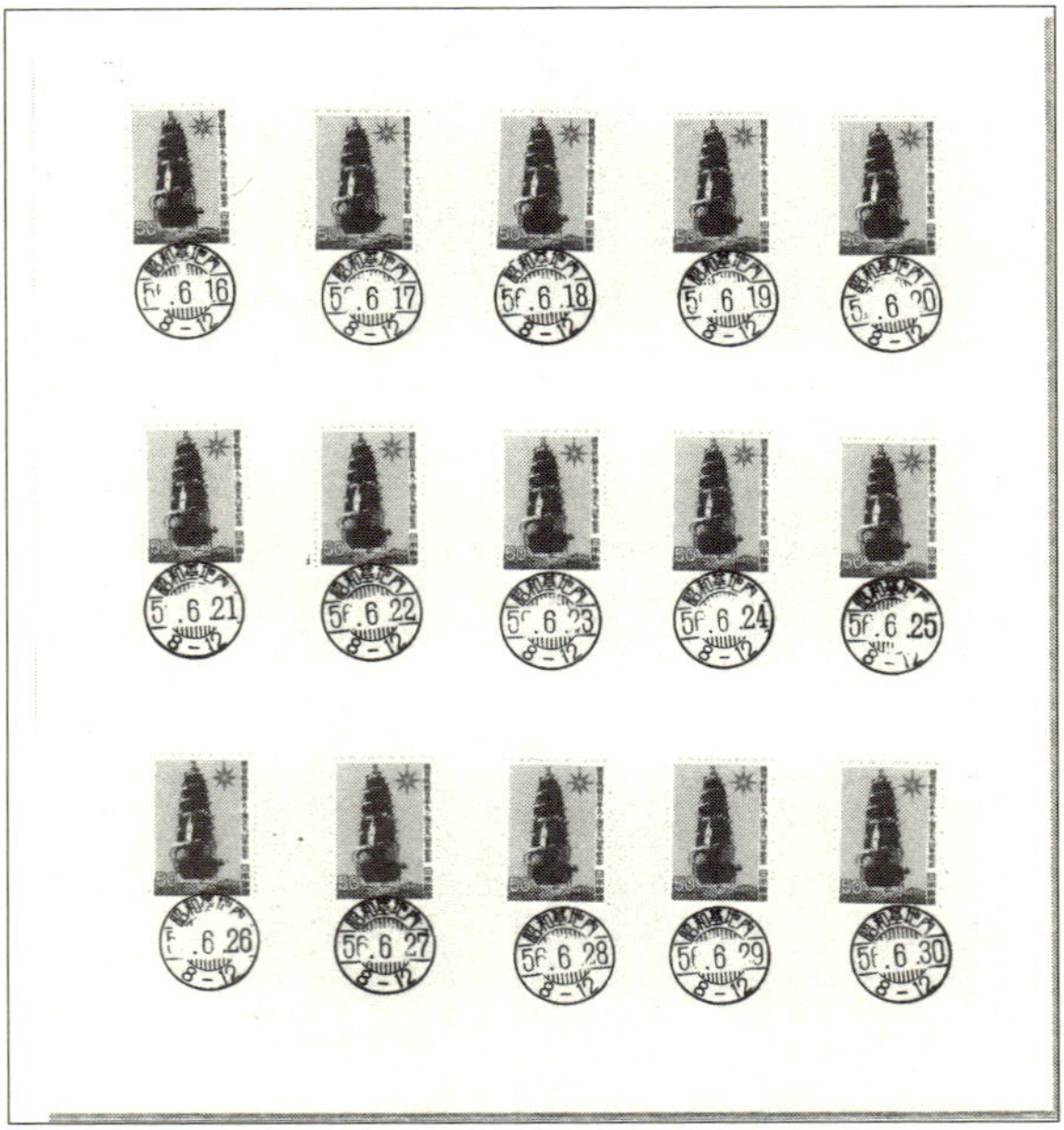

1981年6月16日〜30日の昭和基地郵便局の消印。6月21日はミッドウィンターだった

い。投函された郵便物は越冬隊員より遅れて日本に到着するのである。

私はアルバムに、一ページ当たり十五枚か十六枚の十円切手を貼って、越冬の始まった二月一日から翌年一月三十一日まで、毎日消印を押してもらった。三百六十五日、昭和基地に滞在した何よりの証拠となる。切手を集める趣味がなかった私は、昭和基地に到着するとふじに船内郵便局が開設されることも知らなかった。また郵便局が開設されたその日の消印は特別なデザインの印で、初日印と呼ばれ、貴重でマニアたちは高額で買うとも聞いた。

そんな知識のある人に教わりながら、ふじ郵便局と昭和基地郵便局で、いくつかの記念スタンプや消印を押したシートを作った。しかし、それらは、元来興味がなかったので、いつしか家の中で散逸してしまった。高く売れるはずが売った記憶もなく、人にあげた記憶もない。私の周囲には切手収集に興味のある人はいなかった。しかし、三百六十五日の消印のあるアルバムだけは、私の越冬記念として大切に保存している。

二回目の越冬のときは、色紙を二十四枚用意し、半月に一枚、つまり一枚の色紙に十五枚か十六枚の切手を貼り、同じように毎日の消印を押してもらった。この二組の消印を押したアルバムと色紙が私にとっては、自分自身への最良の南極土産であり、何よりの記念品になっている。

自然の大きさを知る

南極を訪れた人びとのほとんどが語るのが、自然の大きさ、偉大さである。同じようなことは日本にいても感ずるはずである。台風の襲来、大地震の発生、登山中の天候急変など、人間の力、自分の力ではどうすることもできない事象に、それぞれが一生のうち何回かは遭遇している。しかし、日本では文明というシェルターに守られているので、命を失うようなことは極めて稀で、自然の脅威を実感せずに過ごしている。むしろ日本では自然の脅威より、人為的脅威の方がはるかに大きいのが実状である。

ところが南極では、観測船から海氷の上に立てば、あるいは基地から一歩外に出れば、そこは大自然のまっただなかである。天気も急変しやすく、常に命の危機を感ずる。八次隊での越冬中のことである。十月、天候の良い日曜日の午後、スキーを楽しもうと、基地の建物から直線距離で三〇〇メートルほど離れた小さな斜面に出かけた。しばらく滑った後、海氷上で日光を浴びながら休んでいた。するど付近の雪が、急にさらさらと流れ出した。ほんの小さな流れである。基地をめざして歩き出した。太陽はさんさんと輝いていた。しかし、天気が悪くなりそうだから帰ろうと、基地をめざして歩き出した。

その二〜三分後には、海氷面上の雪は舞い上がるように流れ、およそ十分後に基地に着いたころには地吹雪になっており、視界は数十メートルと、極めて悪くなっていた。南極での天候の急変は日常茶飯事である。基地にいる限り、建物から建物への移動程度では命綱も張ってあるので、視界が悪くても危険はほとんどない。しかし、建物群から離れるときは注意を要する。

越冬中私は基地の主要部から三〇〇メートルほど離れている地震計室に、地震計の調整に行くときがあった。私は南極滞在中には常に、手袋、予備の靴下、乾いたタオル、チョコレート、四〇メートルのザイルをザックに入れて、ピッケルを持ち行動していた。昭和基地は季節にもよるが、意外に濡れることが多いのである。

曇天ながら静かな日だった。地震計室に行き、二時間ほど雑用を済ませて外に出ようとしたら、強風が吹き視界が悪くなっていた。そのときは、付近の地形が分かっていたので何事もなく基地に戻れたが、もし危険なようだったらザイルを使っただろう。ザイルの一端を地震計室に結び歩きだす。そしてザイルが伸びきったところで、基地の方向が分からなければ、また地震計室に戻り助けを待つことになる。私が地震計室に行くことは必ず誰かに伝えてあるから、例えば夕食に現れなければ、誰かが探しに来てくれる。

いろいろな危険を経験しなくても、南極ではそこに立っているだけで自然の大きさを体験できる。海氷上に点在する氷山に近づくと、小さな氷山と思っていたのに、その大きさに圧倒されることはしばしばあった。静寂の中にひっそりと鎮座する氷山にすら、無言の圧力を感じるのである。

南極の大自然の中に身を置き感ずることは人それぞれであろう。しかし、その感想は言葉こそ違うが、人間にはどうすることもできない、自然の大きさ、凄さ、猛威などである。常に命の危険と隣り合わせの生活を送ったことによって体感し、身体が覚えたことである。

自然の偉大さが分かってくると、人間はすべてに謙虚になってくる。日常生活の中でいくら威張れたとしても、「それが何なんだ」ということだ。人間社会の諸々は、良くも悪くも、大自然を前にすれば小さなことなのだ。こんな心境が分かってくると、その人の体験した南極の大きさ、自然の偉大さへの感情も、本物であろうと考えるようになった。ただ自然の偉大さを語り、謙虚になっていた人の多くが、日本に戻るといつの間にかその感覚を忘れるらしい。何回越冬しても帰国後は、南極出発前と同じ行動、言論の人が少なくない。人間は身に付いたことを放棄するのは大変なのだろうか。

　私にとって南極は自然の偉大さを教えてくれ、自然に静かに首を垂れることを教えてくれた教師である。そんな自然の中に身を置くことができた幸せを噛みしめている。

第六章　開けゆく南極

南極観光

二〇世紀前半、南極は探検の世界だった。IGYが始まっても、その状況は変わらなかった。多くのメディアが南極観測隊を「南極探検隊」と報じていた。観測船・宗谷が南極に到達するまでの南極大陸に関する日本での報道は、ほとんど外国の通信社から発せられたものだった。昭和基地が開設され、日本隊のニュースとともに外国隊のニュースもより頻繁に報道されるようになった。

外国のニュースの中で人々の目を引いたのは一九五七年から五八年に行われたイギリスの南極横断であった。ビビアン・フックスのイギリス隊は一九五七年十一月二十四日、昭和基地とは大陸をはさみ反対側のウエッデル海に面したシャクルトン基地を出発し、一九五八年一月十九日、南極点基地に到着した。そこでニュージーランドのスコット基地から出迎えに来ていたエドモンド・ヒラリーらの歓迎を受けた。ヒラリー隊は一月四日に南極点に到達していた。イギリス隊とニュージーランド隊がスコット基地に戻ったのは三月であった。人類初の南極大陸横断の快挙である。

ヒラリーは一九五三年五月二十九日にシェルパのテンジンとともにエベレストの初登頂に成功し、世界にその名が知られていた。そのヒラリーがロス海側のスコット基地から南極点までイギリス隊を迎えに行くというので、日本のメディアも注目していたようだ。

日本の二次隊が越冬を断念し、十五頭のカラフト犬を置き去りにしなければならなかったころのことである。イギリス隊の南極横断に関するメディアの報道は、日本人の心にもしみこんだようだ。

この南極横断の報道によって日本人の南極への関心は昭和基地ばかりでなく内陸氷原へも広がった。自然に「南極へ一度は行ってみたい」と考える人も出てきた。

なおこの旅行をまとめたフックスとヒラリーの共著は、日本では『南極横断』というタイトルで翻訳・出版された（光文社、一九五九年）。もちろん私は上下二巻をすぐ購入し、昭和基地での二回の越冬に、いずれも持参した。幸運だったのは八次隊の越冬から帰国した一九六八年六月、日本でSCARの総会が開催され、フックスも来日した。委員会に雑用係として参加していた私は、自分の購入した本を持参し、フックスにサインしてもらった。彼の話によると「この本はすでに二十数ヵ国で翻訳出版されている」とのことだった。

　またヒラリーは一九七八年一月に南極関係の仕事で来日した。そのときはニュージーランドで購入した彼の著書にサインしてもらった。最初から意図したわけではないが、私は世界で初めて南極横断を達成した英雄二人から、直接サインをもらうことができた。

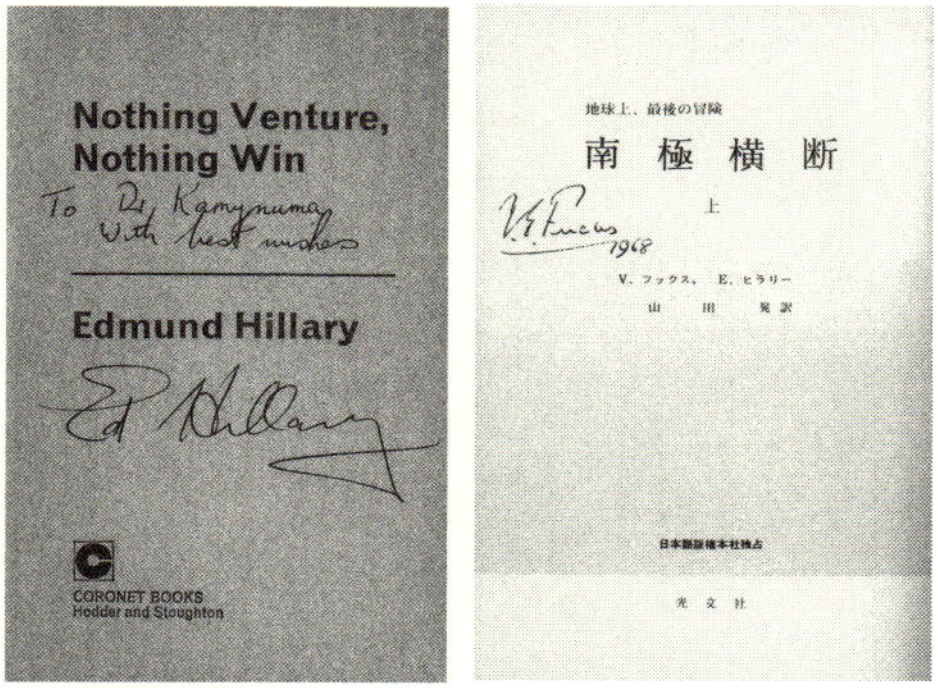

フックス（右）とヒラリー（左）のサイン

　南極観光がいつから始まったかは、私はよく知らない。しかし、一九六〇年代後半には日本人も観光で南極を訪れるようになっていた。ＩＧＹでの各種報道やフックスやヒラリーの報道で南極に関する知識を得た日本人の中には、そこを訪れたいと考える人が出てきても不思議ではない。

　私自身が古い新聞記事で確認したのは、一九六七年に、ある俳優の奥さんが南極を訪れたという写真付きの記事であった。その女性が和服を着て南極の岩盤に立つ姿が写真に撮られていた。本人の希望かカメラマンの希望か分からないが、南極で越冬した者の立場からいえば、馬鹿げた写真と言う以外に言葉はない。

その時、彼女ともう一人の男性が日本から、ひとつの南極観光のツアーに参加したらしい。一九六七年一月四日に日本を出発し、二月四日に帰国した。アルゼンチン海軍の船で南極観光をしたという。ほぼ一ヵ月の旅行で費用は百八十万円だった。

一九六七年一月四日は私が初めて昭和基地に入った日である。当時の私の月給は三万円、同世代の国家公務員としては、高い部類に入っていたと思う。その私の年俸は五十数万円だったから、南極観光は私の年俸の三・五倍の費用に相当した。南緯五五度を越えると観測隊員には極地手当が出る。一般に公務員の手当は本俸の何パーセントと決められているのだが、極地手当だけは、宗谷の時代に捕鯨船員の手当を参考に、金額で決められていた。従って、インフレが続けば手当の価値が下がる。

私の手当は五段階の下から二番目で一日千三百円だった。一年間越冬しても総額で五十万円程度である。越冬中は三万円の給料に、三万円よりやや多い極地手当で、月収は日本にいるときの二倍であった。仲間からはうらやましがられたが、出発前の諸々の出費、帰国後の私物の写真代などを考えると、他人がうらやむほどの利益はなかった。

しかし百八十万円というずいぶん高額な旅行費用であること、またそんな旅行に参加する人が日本にもいたことの方が驚きである。ちなみに現在は同程度と思われる南極半島の周遊ツアーで百万円前後、高くても百五十万円程度である。

なお現在の観測隊の極地手当の割合は、さらに低くなり、給料の二〇パーセント程度である。南極での苦労を考えると、恵まれている金額とは言えない。

一九七〇年代に入ると南極点をめざす日本人の冒険旅行も行われるようになった。南極条約の趣旨を遵守したようにふるまうため科学調査と称しながら、本当の目的は南極点をめざしたグループがいた。エレバス火山から世界で初めてスキーで滑り降りるといって、企業から資金を得て南極に行ったスキーヤーがいた。その人のサポーターから現地の事情を聞かれたので、アメリカ隊やニュージーランド隊ではすでに何人もの人がエレバス山から滑り降りているので、世界で初めての滑降ではないと教えた。何を目的として資金を集めたか知らないが、その後、その人のスキー滑降がテレビで放映された。

バイクで南極点をめざした人がいた。彼は効率良いエンジンを使い南極を汚さないように走り、環境保護を訴えるという。人の住んでいない南極で、誰に環境保護を訴えるのか不思議に思った。環境保護なら自身が南極行きをやめた方がよほど効果があるはずだ。南極での冒険旅行をめざした人々の理屈は、どれも利己的で自己矛盾が多いように思えた。

観測以外で南極に行く人が増えると、当然環境問題が浮上してくる。「観光客は南極を汚すので、許すべきでない」という南極観光中止論である。

これに対し日本の新聞に投稿した観光業者の言い分は、「一九八〇年代の観光客は年間一万人（日本からは百〜三百人程度）であり、その人たちが南極に滞在するのは十日程度、十万人日である。各国の越冬隊は合計約千人、四百日間滞在するとすれば合計四十万人日の滞在になり、さらに夏の間はその何倍もの観測隊員が滞在している。南極を汚しているのは観光客ではなく各国の観測隊である」との論法であった。

たしかに南極に滞在する観測隊の人数は観光客より多いだろう。しかし、観測隊は出発前から環境保護の教育、訓練を受け、科学観測調査のために滞在している。得られた成果は人類共通の財産として活用されているが、観光客は自分自身の満足のための旅行である。個人の利益のために南極を汚してほしくないというのが、南極観測に参加した多くの人びとの気持ちであった。

南極観光は環境には良くないことは明らかだが、私はもっと重大な理由で観光に反対していた。私が南極観光に反対したのは、環境保護よりも事故が起こったときの救援体制が、どこの観光でも皆無に近かったからである（コラム『南極最大の事故』参照）。

とはいえ、南極が研究者だけの世界でないことは分かっている。しかし、一般の人が訪れるにはそれなりのルールが必要である。私は二〇世紀の間は環境への配慮とそのためのルールを作り、遭難対策などをきちんと整備し、二一世紀に入って、観光を

Column ▼ 南極点の日の出・日の入り

中緯度や低緯度の地域では、日の出から次の日の出までを一日と数えることもある。その数え方をすると、南極点では一年三百六十五日が一日ということになる。南極点の日の出は北半球の秋分の日の少し前である。少し前とあいまいになるのは、太陽に大きさがあり、また太陽が地平線の下にあっても光が屈折して地表面に届く。しかもその屈折の仕方は、その時の光の通過する空間の温度に左右される。従って厳密には事前に計算することは難しい。

九月二十一日（北半球の秋分の日）が近づくに従い、南極点では地平線の一点に赤味がさしてくる。太陽はその下にある。その赤味のある場所は一日一回、地平線上を移動する。そしてその赤味の幅が次第に大きくなる。太陽のある側の空は天気がよければ朝焼けとなる。そのうちに、ぴかりと太陽の頭が地平線上に出ると日の出である。周辺の赤味は大きく広がり、半天から全天へと明るさが増してくる。太陽は次第に大きさを増し、ついに地平線上に丸い姿を現す。すると南極点付近はもう日中である。

太陽の高度は見た目にはほとんど変わらないが、毎日少しずつ高くなり、十二月二十一日か二十二日ごろ（北半球の冬至）、南半球の夏至のとき、最高高度に達する。地表での視角は二三・五度である。

その後太陽は次第に低くなり、三月二十一日（北半球の春分の日）ごろから地平線の下に沈み始める。夕焼けの空は少しずつ、明るいところが狭くなり、薄明も終わり暗い夜となる。そしておよそ五カ月後、薄明が始まり、日の出を迎える。

Column▼南極最大の事故

一九七九年十一月二十八日、マクマード基地は祝賀ムードに沸いていた。その日は一九二九年の同じ日に、リチャード・バードがロス棚氷南端のリトルアメリカ基地から南極点往復飛行に成功してから五十周年を祝う日であった。バード隊に参加してなお存命の二名の元隊員も招待されマクマード基地に滞在していた。昼間のセレモニーの余韻で、夕食時の食堂は何となく浮き浮きしていた。その時基地内のラジオ放送が突然、食堂内に流された。食事中の人々はいっせいに「シー」といい、放送に耳を傾けた。

ニュージーランド航空の南極観光機が十三時の交信を最後に行方不明となり、マクマード基地のヘリコプターが捜索しているというのである。観光機はニュージーランドのオークランドを出発し、マクマード基地やスコット基地、さらにドライバレー上空などロス海沿岸を二～三時間飛び、空から南極観光をして、またニュージーランドのクライストチャーチに戻る、日帰りの観光飛行であった。後日知ったことだが、日本人にも人気があり、行方不明機にも二十四名が搭乗していた。

その日の深夜（といっても太陽は出ていた）、エレバス山北麓に墜落している機体がニュージーランドからマクマード基地へ飛来した夏の定期便の航空機によって発見された。直ちに救援のヘリコプターが現場に向かったが、クレバス地帯の現場に降り立った関係者はすぐに全員死亡と判断できる状況だったという。

一般に日本で報道される航空機の墜落事故は、バラバラになった機体とはいっても、胴体だったり、主翼だったり、かなり大きな破片が写っている写真が報道される。ところがこの事故の最大破片は垂直尾翼であった。機体の散乱は北から南、つまり山の斜面の低い方から高い方へ長さ六〇〇メートルの黒い帯となって延び、その斜面の上の方になる南端部分に機首の破片と垂直尾翼が重なっていた。

　翌日からマクマード基地のヘリコプターは遺体や遺品の収容に使われ、私たち研究者は何もすることなく基地で過ごすことになった。結局事故処理に二週間以上がかかり、私のプログラムも約一カ月遅れで実施できた。一年間準備して南極まで来たのに、何もできずに帰国せざるを得なかったアメリカのグループも何組かいた。野外調査の支援をしてくれるセクションの女性が私に「あなたはあせることなく冷静に対処しているが、予定が遅れていて困らないのか」と問うてきた。私は「南極では待つのも仕事」と答えたら、納得したようだった。自分の力ではどうしようもないことに、イライラしてもしようがないというのが、南極で身に着いた私の信条である。

　この事故でせめてもの慰めとなったのは、事故現場がマクマード基地の近くであり、捜索や事故処理のために基地のヘリコプター五機が総動員でき、そのため収容可能な遺体や遺品をすべて回収できたことである。

　事故発生直後からマクマード基地にいる私に、日本のメディアからいろいろな電話がかかってきた。このときほどまだ公衆電話の通じていない昭和基地を懐かしく思ったことはない。多くの問い合わせに対し自分はどのように行動すべきか、日本に問い合わせたところ「すべて現地の判断に任せる」とのことであった。このようなときには、うまくいって当たり前、悪いことがあれば私の判断の誤りとなる。私は「遺族の立場に立って行動する」と連絡しておいた。

　スコット基地に事故対策のためニュージーランドから来た責任者とは旧知の間柄だったので事故処理についての情報提供を頼んだ。彼は「毎夕、スコット基地に来ているメディアに説明するから、それに出席したらどうか」と提案してくれたので、そうすることにした。その発表の中では、例えば「本日は百八十の肉片を回収した。それは遺体十五体分に相当する」というような発表であった。

遺体遺品の回収が終了した後、ニュージーランドは墜落現場が見渡せる岩盤に慰霊の十字架を立てた。そのセレモニーに私も出席するように誘われた。私は持参した米、日本人遭難者二十四名の名前を記した紙、般若心経が印刷されたお守りを十字架の下に埋めさせてもらい、酒を撒いて読経した。仏教的なこのような行為をすることを、ニュージーランド側は快く認めてくれた。これはニュージーランドのメディアにも大きく取り上げられたらしい。ニュージーランドに戻ると、ニュージーランドの友人たちから「お前は今ニュージーランドでもっとも有名な日本人の一人」だと言われた。

さらに私は調査のために登り、滞在したエレバス山の頂上で、アノーソクレスフォノライトという大きさが数センチの単結晶の鉱物を二十四個採取し、帰国後遺族に渡した。息子を亡くされた母親から「親ができないことをしていただけた」と感謝された。

本格的にすべきであろうと主張した。そして、二一世紀を目前にして、南極観光を紹介するため『南極に行きませんか』（出窓社、一九九九年）を出版した。

年間一万人程度で推移していた南極への観光客は、二一世紀に入ってから増加し続け、二〇一五年ごろには三万人程度に増えた。二一世紀に入ったころから南極観光事業は変わってきた。ペレストロイカ以後、ロシアが北極海で使っていた耐氷船が南極に投入され南極観光船として使用されるようになり、観光客が増えた。

日本からの観光客は主に南アメリカ南端、アルゼンチンのウスワイアで観光船に乗り、波の荒いドレーク海峡を越えてサウスシェトランド諸島や南極半島先端付近に達する。そして、ブランスフィールド海峡を航海しながら、周辺の島々や半島の海岸に上陸したりしながら観光を楽しみ、またウスワイアに戻るという航海が一般的である。

南極点をめざす二週間程度の内陸氷原へのツアーも行われている。航空機でチリの南端プンタアレナスから、南極大陸の内陸氷原に設けられているキャンプに直接飛ぶ。キャンプは南極の最高峰ビンソンマッシーフ（四八九七メートル）に近い。そこでテント生活をしながら付近を観光するとともに、南極点への飛行に備える。天候が許せば小型航空機で南極点に飛び、二時間程度滞在する。南極点を示す標識のところで記念写真を撮るばかりでなく、最近は南極点基地の内部の見学も可能になったようだ。暖かいコーヒーが振る舞われることもある。往復で七〜八時間の旅行となる。

南極点の標高は二八〇〇メートルで、その下の氷の厚さは二七〇〇メートルである。到着したからといって航空機から急いで降り歩き回ると息苦しさを感じたり、気分が悪くなったりする。高山病である。少なくとも最初の三十分程度はゆっくりゆっくり行動するのが南極点を楽しむコツである。

日本から約半月の旅行で費用は一千万円程度、一日あたり六十万〜七十万円であるから、豪華な観光船でのクルーズよりも高価である。私は少なくとも日本では、地球上のどこへ行く旅行よりも高い、最高額の観光ツアーだと思う。

日本では一九九八年一月十四日から「環境保護に関する南極条約議定書」が発効した。その詳細は後述するが、南極の自然環境や固有の生態系などを保護し、保全する目的で、締結され発効したのである。

その後は観測隊を含め南極（南緯六〇度以南）に行く人のすべては環境省に届けを出し、「南極地域活動行為者証」を受けなければならない。ところが観光船で南極に行く場合、その観光船が船籍を置く国で許可をとることになっている。日本からのツアーでは、観光業者が南極を訪れる全員の氏名を環境省に届ける。しかしただそれだけで観光客一人一人に行為者証は発行されない。

南極観光を希望する人は、出発する前に十分な情報を得てから出発して欲しい。そうすることが自身の旅行をより楽しく、充実させるからだ。私は南極観光に参加した人々から実状を聞き、あまりに情報が少なかったので、南極のガイドブックとなる書

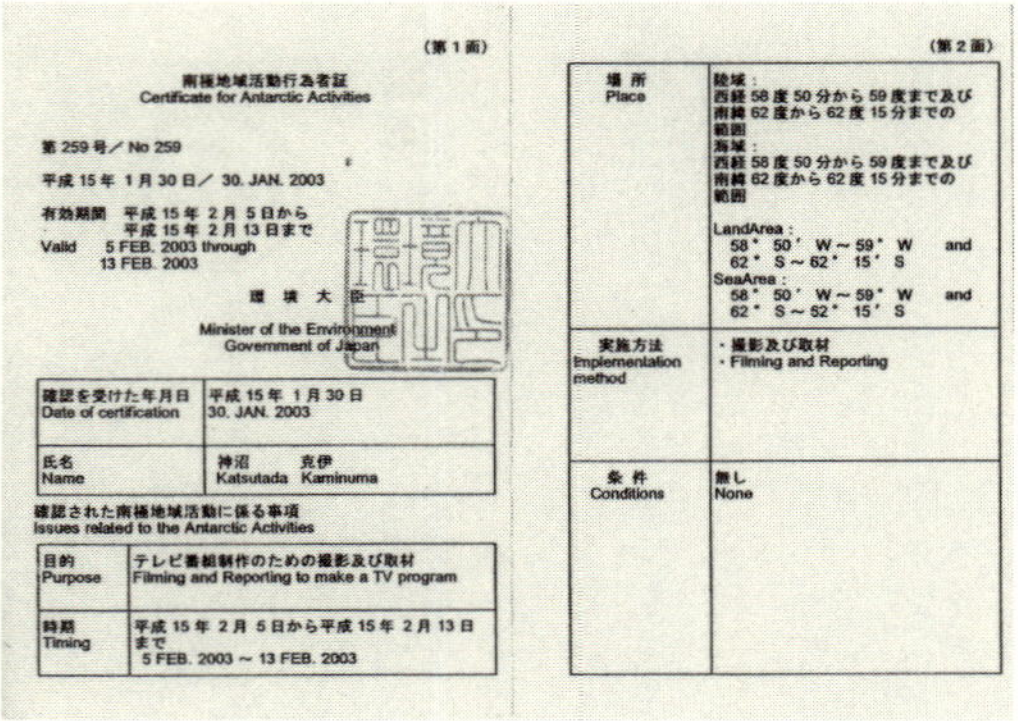

（第１面）

南極地域活動行為者証
Certificate for Antarctic Activities

第259号／No 259

平成15年 1月30日／ 30. JAN. 2003

有効期間　平成15年 2月 5日から
　　　　　平成15年 2月13日まで
Valid　5 FEB. 2003 through
　　　13 FEB. 2003

環境大臣

Minister of the Environment
Government of Japan

確認を受けた年月日 Date of certification	平成15年 1月30日 30. JAN. 2003
氏名 Name	神沼　克伊 Katsutada Kaminuma

確認された南極地域活動に係る事項
Issues related to the Antarctic Activities

目的 Purpose	テレビ番組制作のための撮影及び取材 Filming and Reporting to make a TV program
時期 Timing	平成15年 2月 5日から平成15年 2月13日まで 5 FEB. 2003 ~ 13 FEB. 2003

（第２面）

場所 Place	陸域：西経58度50分から59度まで及び南緯62度から62度15分までの範囲 海域：西経58度50分から59度まで及び南緯62度から62度15分までの範囲 LandArea: 58° 50′ W ~ 59° W and 62° S ~ 62° 15′ S SeaArea: 58° 50′ W ~ 59° W and 62° S ~ 62° 15′ S
実施方法 Implementation method	・撮影及び取材 ・Filming and Reporting
条件 Conditions	無し None

南極地域活動行為者証

物として、『旅する南極大陸』（三五館、二〇〇六）を上梓した。

日本ばかりではないが、世の中は宣伝、広報の時代である。学術分野でもその状況は変わらず、研究者の集まりであるそれぞれの学協会は「星を見よう」、「地震の教室」、「物理のお話」など子供たちが興味を示すようなタイトルで集会や教室を開き、それぞれの分野の授業をしている。

現場の教師が南極へ

昭和基地とも人工衛星を経由しての電話が可能になり、テレビ会議のシステムが導入された。希望した学校と昭和基地とを電話回線で結び、南極とのテレビ会議が可能となり、ライブで基地の映像が日本の学校に届けられる時代になった。子供たちの質問にはそれぞれの専門の隊員が答える。参加している子供たちの目は、中継中に輝きを増してくる。

この南極からの出前事業とともに始められたのが、小学校、中学校、高等学校の現場の教師を南極に派遣するプログラムである。南極の自然像や地球観、観測隊の活動を教師の目から見て、日本の全国民に伝えて欲しいとの願いで始まった。

教師たちは観測隊に同行し、昭和基地を拠点として活動し、野外調査にも参加する。同じようにテレビ会議のシステムを利用して国内の小・中・高の児童や生徒、一般市民、さらには在籍している学校の子供たちに対して「南極授業」を行っている。

教師の派遣は二〇〇九年から始まった。選ばれた教師たちは十一月下旬に観測隊とともに日本を出発し、翌年の三月下旬に帰国する。少なくとも四ヵ月以上はそれぞれの職場を離れることになる。派遣教師の募集は主に各都道府県の教育委員会を通して行われている。派遣に積極的に協力してくれる教育委員会もあれば、消極的なところもある。公立校でも私立校でも、ひとりの教師を派遣すればその期間の教師の補充もしなければならない。現場の状況を考えれば消極的になるのも仕方がないことである。

何事もそうだが、この南極への教師派遣プログラムでも、派遣される教師の質によって、その成果は左右されてしまう。教師によっては出発前によく調べ、勉強して南極の知識を吸収する。私の本を読んで、質問に来る教師もいた。このような教師の場合、現場から発信する南極情報も深みを帯びる。単に表面的な現象の説明だけでなく、その現象が人間の心にどのように作用するかなど、より詳細な説明が加わる。

選ばれた教師でも、「出発前は多忙でほとんど南極に関する勉強や準備をする時間が取れなかった」と広言する人もいる。そんな教師は忙しくなくても、あまり準備としての南極の勉強をしない人だろうと思っている。せっかく教師派遣のプログラムに選ばれたのだから、できるだけ南極や地球に関する知識を増やし、南極授業を行えばより充実した内容になることは間違いない。

出発前、ほとんど南極に関する本も読まず昭和基地に行くような教師は、結局は本人にとっては観測隊への参加も物見遊山以上の意味がなくなる。税金の無駄づかいになってしまう。

教師によっては選ばれたことが名誉と感じるのか、大臣主催の送迎会に出席して偉くなったような気になるのか、私たち南極の先輩や関係者に対しても、高い目線で物を言う人も出てくる。

教師という職種は子供たちを相手にする職業であり、親も子供が世話になっているので相手に敬意を表する。日常のそのようなことが重なって、どうしても対人関係が上からの目線になりがちである。そんな背景があるので教師が南極行きに選ばれ、特別な人になったような気になるのは仕方ないかもしれない。

南極へ行ったのがそんなに偉いのかと揶揄したくなる教師もいたが、成果は人物次第である。教師派遣も観測隊員の人物選びも同じで、やはり真摯に南極に取り組む姿勢の人に行ってもらいたい。自然の大きさを知り、謙虚になって帰ってくるような教師なら、その後の子供たちへの接し方も情報発信も大きく変わるだろう。

帰国後は直ぐ現場に戻らなければならない教師に同情の余地はあるだろう。いつまでも南極にこだわっていては、周囲の目もある。しかし、派遣を決めたそれぞれの教育委員会も、もう一段目線を上げ視野を広げ、日本の理科教育、自然科学教育の見地から、派遣教師を役立てることも考えて欲しいと願う。派遣教師が帰国後も応分の活動をしていれば、例えば後述する「中高生南極北極科学コンテスト」への応募の裾野も、もっと広がっていてよいはずだ。

女性の参加は当たりまえ

初めて南極大陸に足跡を印した女性は、ノルウェーの探検船船長夫人のカロリン・ミケルセンで、一九三五年二月十九日に東経八〇度付近の海岸に上陸した。その後、初めて越冬した女性も越冬隊長の夫人だった。

ＩＧＹになってソ連やアメリカ隊には早くから女性の参加があった。宗谷を助けたオビ号の甲板には女性の姿があったという。アメリカ隊では一九六〇年、南極点基地で心理学者の夫婦が越冬したのが最初である。二十年後の一九八〇年、女医がサイエンスリーダーも兼ねて越冬した。一九八一年には宇宙線観測の技術者、一九八二年にはシェフと超高層物理学の科学者、一九八三年には生物学者がサイエンスリーダーとして人工衛星観測の技術者とともに越冬している。一九八〇年代からはもっとも輸送に時間のかかる南極点基地ですら、女性が越冬する時代になっていた。アメリカ隊では一九八〇年代までに二十名の女性が越冬しているが、うち七名は南極点基地での越冬である。

ある越冬隊で八月ごろだったと記憶しているが、南極点基地で越冬している女性が乳ガンを発症した。アメリカ科学財団は南極の真冬、暗黒の世界へ航空機を飛ばし、その女性を帰国させた。

マクマード基地でも一九八〇年ごろまでに十名以上の女性が越冬している。私はその一人の越冬経験談を手記にまとめてもらい、日本でも紹介した（『南極の現場から』新潮選書、一九八五）。

昭和基地への初めての女性の訪問はアメリカの軍人だった。一九八三年二月十日、二十四次隊の越冬が始まった直後、昭和基地にアメリカの査察団が訪れた。その査察団のメンバーに海軍士官の女性がいたのである。昭和基地への女性訪問第一号である。査察団とは南極条約に基づき、それぞれの基地を訪問し、基地の運営が条約の趣旨に沿って行われているかを調べ、報告するのである。このときの訪問は二回目で、第一回の査察団は私が越冬を始めた一九六七年二月十九日、やはりアメリカの査察団が昭和基地にやってきた。

そんな背景があるので、日本隊でも女性隊員の参加の気運が高まってきた。

日本隊では一九八六年に出発した二十八次隊で初めて女性隊員が夏隊に参加した。それから数年間、南極観測隊のメンバーが発表されるたびに、女性隊員の参加が話題になった。当時はまだ隊員の氏名が発表されると、ほとんど全員の名が新聞に掲載される時代だった。

女性隊員への取材も多かったようだ。男性隊員の南極行きは話題にならなくなっていたが、女性隊員はまだ話題性があったのだろう。特別に報ずるメディアも少なくなかった。若い女性である。研究者としてそれまで脚光を浴びることなどなかったのに、急にメディアに取りあげられたりすると、自分は偉くなったと錯覚する人が出てくるようだ。

ある女性隊員に対し、帰国後、南極の大先輩が自分の関係する雑誌に原稿の執筆を依頼したところ「忙しいので送ることができないので、そちらから取りに来てくれ」と言ったという。その先輩は大憤慨していたが、自分が南極に行けるようになったのも、その先輩たちの努力の結果であることには気が付かなかったらしい。南極の大自然に身をさらしても、人間としての謙虚さが身につかない、このような人は人間としての評価は低いといわざるを得ない。

三十九次隊で初めて二人の女性が越冬した。久しぶりにメディアは女性隊員の越冬を南極観測の大きな話題として報道した。隊長と並んで記者会見をしていたとき「二人だけを撮影したいので、どいてくれないか」とカメラマンが注文をつけたと隊長が笑っていた。初めての女性越冬の後は、女性隊員の参加もメディアは報じなくなった。その後は毎年のように女性隊員が参加しているので話題性がなくなったのであろう。

確かに壮行会で前に並ぶ隊員たちの中の女性の数を見ると、ずいぶん増えたなと思うことがしばしばである。

最初のころ、メディアのインタビューを受けた女性隊員は、女性だからと特別視して話題にするのはやめてほしいというようなコメントを出していた。当然のコメントであったが、日本ではメディアばかりでなく、南極関係者の中にも特別視する人はいた。

女性の夏隊への初参加から三十年近く、初越冬から二十年近くが経過した今日、日本隊への女性の参加は当然と受け止められるようになっているのは、日本の南極観測もそれだけ成熟してきたと考えている。韓国や中国が南極観測に参加したのは、日本よりはるかに遅く一九八〇年代になってからである。しかし中国隊には、夏隊だけではあるが最初から女性が参加していた。韓国隊にいつから女性が参加したかは定かでないが、日本とほぼ同じころではなかったかと記憶している。女性隊員の参加が定着し、日本の南極観測もようやく「各国並み」になり「国際水準」に近づいたといえる。なお日本の女性として、地球化学の研究者が一九八二年にニュージーランド隊に、夏期間だけ参加している。これはおそらく日本の女性研究者としては初めての南極行きではないかと思う。

色と音のない世界

南極は美しいといわれるが、色だけを考えると氷や雪の白と空の青さだけである。それに岩盤が露出している地域では茶系統の色が加わる。昭和基地の南東側、リュツォ・ホルム湾の沿岸には露出した岩盤とともに、大小の島々が点在している。上空からその地域を眺めたとき、島が多く日本ならさしずめ宮城県の松島みたいなところだが、白砂青松には程遠い風景だと実感した。日本の風景感覚ではとても美しいとはいえないのが南極の風景であるが、誰もが美しいという。

色の数は少ないが、南極が美しいのは氷や雪が白いからではないかと考えるようになった。純白の花嫁衣装に代表されるように、白は美しく見えるのだろう。昭和基地から東側に見える南極大陸の斜面は、氷床の端で、白一色である。その斜面の頂上から太陽が顔を出す。その位置は三月はほぼ真東であるが、四月から五月には北東から北へと移ってゆく。

日の出前、その大陸斜面の稜線上の一点が朱に染まり始める。その朱の帯は瞬く間に地平線上に広がりながら長さを増す。空は薄暗く、北に広がる海氷原は灰色である。空が明るくなるにしたがい、大陸斜面の朱は薄くなり、赤から橙色へと変化し、その華やかさが消えるころ、太陽が昇り日の出となる。実に雄大な黎明で、私は毎朝、その自然が創出するショーを楽しんだ。

ラングホブデのハムナ氷瀑。手前が海氷、上は大陸氷床

夕暮れも同じである。橙、赤、紅、朱と西側の夕焼け空の赤味は変化し、華やかに残った朱の点が消えると、急速に暗さが増してくる。晴れていれば天頂の天の川を背景に、南十字星やさそり座が輝きだす。

昭和基地の南の露岩地帯ラングホブデの南にハムナ氷瀑がある。ラングホブデ山塊から南極氷床が溢れ出た溢流氷河である。一二〇〇メートルの高さから六〇〇メートルの幅で急激に海氷上に落ちている。幅六〇〇メートルの滝など日本には存在しないだろうが、南極のスケールでは、うっかりすれば見過ごしてしまうほどの小さな氷瀑である。しかし、スケールが小さいだけに全貌が一枚の写真に納まるので、恰好の被写体となる。その端に近づいて見上げると、白いと思っていた氷は縦に割れ何本もの筋ができている。クレバスを横から見ていることになる。その氷の割れ目は青色を帯びている。白と青のコントラストが美しい。

地表の風景と異なり、天に舞うオーロラは壮麗、壮大であると美辞麗句を並べても、私の力ではその美しさを表現することはできず、月並みながら「筆舌に尽くすことができない」と表現している。オーロラは「光のシンフォニー」と称されるように、色彩に富み躍動する。音がしないだけに不気味ですらある。

天気がよく、風のない日、南極は静寂の世界である。そんな日に雪上車で海氷上をドライブしたことがあった。たくさんの氷山が座礁して大小の氷山群を形成している地域に入ったが、そこは視界が遮られ、しかも何の音もしないとても不思議な世界であった。

静寂な世界だと思っていた氷河の末端で、水の流れが聞こえてくるところもある。マクマード入り江での経験であるが、ある氷河の端の露岩に座り、空の青と氷河の白に酔いしれていたら、気がつくとかすかに水の流れる音がする。まだ十一月、雪氷面に雪どけ水の流れはない。耳を澄ますとその音は氷河の下から聞こえてきた。氷河の下を流れる融氷水の音だった。

南極で経験した美しさや静寂は、私の脳裏に一生残っているだろう。また一生涯記憶にとどめておきたい事象である。

これぞ南極――大氷原に立つと

オングル諸島はリュツォ・ホルム湾の北東の端に位置する。昭和基地の主な建物群は東オングル島の北側、北の浦に面した露岩域に並ぶ。東側は幅四キロのオングル海峡をはさんで南極大陸である。その対岸には岩が露出していて、向岩と呼ばれている。オングル海峡が凍結したので様子をみようと、二人で対岸まで徒歩で往復した。海氷上には雪が積もっているところもあるが、青色の氷が広がっている。もちろん氷が透けては見えないが、何となく下に吸い込まれそうな錯覚を覚える場所もあった。海峡の真ん中に立つと、たった四キロの幅のはずが、ものすごく広く感じる。大陸の岸辺は氷が盛り上がり乱氷帯になっていたので、近づくことはやめてそのまま基地に引き返した。

東オングル島の北東端は見晴岩と呼ばれる。夏の間はその近くにふじが接岸していた。ふじの船形が海氷の上にくっきりと残っていた。帰路はその見晴岩を目標に帰ることになる。四月の末、昭和基地付近の太陽高度は低くなり、十四時ごろで水平線上に近い。西側に並ぶ氷山の峰々は赤く染まり、帰りは西日をまともに受けての散歩になった。

八次隊では次の年に実行される約五〇〇〇キロに及ぶ南極点往復旅行に備え、南極大陸に上陸できる海岸を探していた。向岩付近はかなりクレバスも望見できるので、上陸場所としては、初めから考慮に入れてなかった。目標としたのは昭和基地の南南東一五キロ地点であった。狭いながらも平坦な海岸であった。上陸は容易だった。小型雪上車が先導し、大型雪上車ほか数台が続いた。雪上車隊はゆっくりと大陸斜面を登って行く。しばらく進んだところで大型雪上車がクレバスを踏み抜き傾斜してしまった。全員で救出作業にあたった。

私もこの上陸地点探査旅行に参加していて、雪上車を起こす作業を手伝った。先輩の指示で、雪上車にロープを固定する作業中、自分の足元の雪が落ち小さなクレバスが現れぞっとした。注意深く見ると付近一帯はクレバスだらけだった。このときは雪上車を無事回収して基地に戻ったが、文字通りの退散だった。この地点はとても通過できるような場所ではなかった。

その後上陸地点に選ばれたのが北東方向へ一五キロの「とっつき岬」だった。当時はその地点に地名はなく、上陸地点として利用されるようになってから、命名された地名である。海岸に平坦地があり、海氷原からスムースに上陸できる。ただし、昭和基地付近ばかりでなく、南極の陸地のどの海岸にも潮汐の干満により海氷が上下するため海岸線に平行に、何条ものクラックができる。幅は一筋の線に見えるものから、人がやっとまたげるものまでさまざまである。このクラックは「タイドクラック」と呼ばれる。このタイドクラックに注意を払いながら上陸することになる。

内陸へはここから緩い傾斜の大陸斜面を南の方角をめざして、クレバスを避けながらゆっくりと登ってゆく。大陸斜面はどこでも多かれ少なかれクレバスが発達しているが、この斜面は少ないのである。雪上車で通過できる場所に赤い旗のついた竹竿を立てながら進む。これをルート工作と呼ぶ。斜面の所々には青氷が露出している。傾斜は緩いが長い斜面なのでスキーに適していると滑ったことがあったが、青氷地帯では私のスキー技術ではとても対応できず、以後スキーで大陸氷を滑るのは止めた。

とっつき岬から南東に登ること約二〇キロの地点にS十六がある。観測隊はクレバス地帯を含め一～二キロごとに旗竿を立て測量しながら、ルート工作をしている。それぞれの旗竿にS一、S二などと番号を付けている。一度ルート工作をすれば、必ずそのルートを使う。倒れている旗竿を見つければ、立て直し、常にルートを確保している。上陸するたびに勝手なルートを作ると混乱するからである。

S十六は大陸斜面を登り切ったところに位置し、昭和基地のほぼ真東二〇キロの距離である。S十六は通称「見返り台」で広くリュツォ・ホルム湾が望める景勝地である。昭和基地のあるオングル諸島をはじめ大小の島々や氷山群を一望できる。眼下に点在する氷山群を見て、艦隊のようだと観測隊を支援していた海上自衛官が話していた。内陸旅行からの帰路、S十六にたどり着くと、昭和基地が見えるので、ようやく我が家にたどり着けると心が休まった。

S十六は内陸への前進基地として、近年は常に雪上車やそりを常駐させている。雪上車内には通信機もあり、昭和基地との交信が可能になっている。最近では内陸旅行用の資材をしらせから直接空輸することが多くなった。

なおこのS十六への近道になるからと、昭和基地の対岸の向岩付近に上陸し、大陸斜面を直登するルートも使われたことがあった。しかし、やはりクレバスが多く、現在はとっつき岬ルートが使われている。

内陸旅行隊はS十六から進路を北東にとる。S十七、S十八と進み南東方向へと方向を変える。

このS十七〜S十八付近には幅五〇メートル、長さ一二〇〇メートルの滑走路が作られている。滑走路といってもただ雪氷面を除雪して平坦にしただけである。

二〇〇六年の四十七次隊と次の四十八次隊の時に、夏期間に行われた日独共同航空機観測のために設置された。S十七には食堂小屋、発電機小屋が建てられ、発電機のほか暖房機や厨房設備が設けられ、自動気象観測装置が置かれている。

氷原上に建てられた建物は、さらさらと流れる雪にすぐ埋もれてしまうので、個々の小屋はジャッキアップ式架台の上に作られている。アメリカ隊がグリーンランド氷床の調査で開発した方式と聞いたことがある工法で、高床式になっている。建物がドリフトに埋まりそうになると、ジャッキを使って全体を上に持ち上げ、建物の床面と雪氷面の間に空間を確保し、風が通り抜けるようにしている。

Column▼太陽が西から昇る

落語などで「たとえお天道様が西から出るようなことがあっても、俺の言うことに嘘はない」などと江戸っ子が啖呵を切る話がある。日本では太陽が西から昇ることは絶対にない。日の出は東の空からと決まっている。ところが南極ではお天道様が西から昇ることもある。

南極点ではすべての方向が北である。しかし、厳密には南極点から一歩離れると、そこには東西南北が存在する。実際には一歩でなく一キロでもよいのだが、とにかくその場所には東西南北がある。そして太陽は南極点で見る姿とほとんど同じように、地平線上を一日中、同じ高さで回っている。

日の出も同じである。地平線上を二十四時間で一周しているが、その赤味が増し、太陽が頭を表す瞬間が日の出であるが、その時は南極点だろうと、南極点近くの東西南北のある場所だろうとほぼ同時である。南極点に向かって立っていた人が、太陽が地平線上に頭を出した点が左手方向なら東、右手方向なら西になる。太陽のある場所は地平線附近が明るくなっているので分かるのだが、太陽が頭の先端を出す地点と時間は予測できない。三六〇度、どの方向でも可能性がある。

南極点の近傍では、一年一度の日の出の方向は西ばかりでなく、北からも、南からも、東からも、どの方向からでも昇る可能性がある。

みずほ基地をめざす内陸へのルートはこの付近から南南東方向へ延びている。付近一帯はどちらを向いても見渡す限りの氷原で、白一色の世界である。天気が良いと自分の影が地平線に向かって長く延びている。静寂の世界でもある。

同じ内陸氷原でも南極点は全く別の感覚になる。みずほ基地へのルートなどは、緯度が七〇度付近であるから、太陽高度が時間ごとに変わってくる。白一色で方向感覚は無くなっても、太陽の高さから自分がどの方向を向いて立っているかが判断できる。しかし南極点では太陽は一日中同じ高さで地平線上を一周する。基地の建物があるので、その方向から自分の位置を確認できるが、建物が見えなくなるほど離れると、風によって形成される雪面の凹凸の並ぶ方向を注意して確認して自分が見ている方角を確かめねばならなくなる。

南極点は南極氷床の一端に位置する。南緯九〇度と緯度だけでその点が表示される地球上の特異点である。標高は二八〇〇メートル、氷の厚さが二七〇〇メートルであり、氷の下の岩盤は海抜一〇〇メートルである。どちらを向いても北ばかりで、東も西もない。見渡す限りの雪氷面は、はるかかなたで空と合体する。晴れた日でないと空と地平線の区別がつきにくくなる。

何もない無限の広さ、そして白一色。それが南極氷原である。

政治的パラダイス

一九七〇年代から、私は南極大陸を「政治的パラダイス」と呼んでいる。南極条約を遵守する限り、ビザ（査証）も要らず、そこでの活動が（非軍事的であれば）自由というのは、訪れる者にとっては、何事にも代えがたい解放された気持ちになる。

現在は多くの国とビザなしで行き来できるようになっているが、一九七〇年代は外国のどこへ行くにもビザが必要だった。アメリカのマクマード基地のあるロス島はニュージーランドが「ロス属領」として、領有権を主張している地域である。マクマード基地から三キロ離れたところに、ニュージーランドのスコット基地がある。私はマクマード基地に滞在することが多かったが、スコット基地にも滞在している。

日本から行く場合は、まずニュージーランドのクライストチャーチに飛ぶ。そこから南極行きの航空機に搭乗するのだが、これは主にアメリカが運行し、またニュージーランド空軍の航空機が飛ぶこともあった。航空機の運行は夏の野外活動が始まる十月から翌年二月までで、十一月から一月までは週三～四便は飛んでいる定期便になる。ジェット機で五時間、プロペラ機で八時間の飛行である。私はこのルートで、日本を夜九時に出発し、翌々日の午後三時（日本時間では昼の十二時）にマクマード基地に到着したことがあった。実質三十九時間で日本から南極に行けたのである。航空機で南極入りができるニュージーランド隊やアメリカ隊の隊員がうらやましかった。もちろん当時はニュージーランドへ入国する時はビザが必要だった。

クライストチャーチに着いて運が良ければ、その翌日に南極行きの航空機に搭乗できるが、予約をしていても予定通りにはゆかない。南極行きの便は天候次第で、飛行予定は頻繁に変わる。しかしこの航空機への搭乗では、ビザは不要である。帰国したときはニュージーランドへの入国になるので、ビザが必要だった。このように南極地域へビザなしで出入りできるのは他の基地でも同様である。

IGYで科学オリンピックとして始まった南極観測は、それぞれの成果を踏まえ、臨時体制から恒久的な体制をとり始めるようになった。するとどうしても領有権問題をはじめとした、国際的な政治問題が生じてくる。例えば昭和基地が建設されているオングル諸島はノルウェーが領有を主張している地域である。ノルウェーでは「ノルウェーの最高峰は国内にはなく南極のセールロンダーネ山地にある」としている。日本が昭和基地を維持し続けるとすれば、ノルウェーにとっては自国の領土が侵されていることになる。

また領有を主張する国家が、自国の領土だからといって、南極で核実験をはじめとしたいろいろな軍事的な実験をするようになったら、南極は瞬く間に荒廃してゆくだろう。

IGYが始まる前まで、南極に領有権を主張している国はアルゼンチン、イギリス、オーストラリア、チリ、ニュージーランド、ノルウェー、フランスの七ヵ国であった。それぞれの国はかつての探検の実績で領有を主張している。オーストラリアとニュージーランドは宗主国・イギリスの権利を継承している。

アルゼンチンとチリは一八一六年と一八一八年にそれぞれスペインから独立したときに、スペインの有するすべての権利を継承したとして、南極の領有を宣言している。スペインの有する権利とは南極大陸の存在もよく分からなかった一五世紀にまでさかのぼる。大航海時代スペインとポルトガルは世界の海で覇を競っていた。そこで当時のローマ法王は大西洋のベルデ岬諸島の西三七〇リーグ（一リーグは約五・六キロ）の点を通過する子午線の西側をスペイン、東側をポルトガルの活動海域とするように調停した。この調停は一四九四年に行われ「トルデシリャス条約」と呼ばれている。

その結果南アメリカ大陸ではブラジルを除くすべての地域にスペインが進出し、現在のスペイン語圏が形成された。ブラジルがポルトガル語であるのも、日本にポルトガル人が最初のヨーロッパ人として到来したのも、この条約の結果である。非白人の国々にとっては不快で身勝手な主張ではあるが、アルゼンチンとチリはスペインの権利の継承として、南極での領有権を主張している。ただし、スペインは南極での実績は皆無なので、南極半島付近は探検に実績のあるイギリスを加えた三ヵ国が領有を主張する地域になっている。

しかし、アメリカとソ連（ロシア）は一九世紀から二〇世紀、南極探検に大きな実績を残しているのに、南極での領有権は主張していなかった。氷の大陸に経済的価値を認めていなかったからのようだ。結果的には二大国が南極での領有権を主張していなかったことが、南極条約の締結を容易にした。

冷戦時代とはいえ科学の世界だったので、ＩＧＹは実施された。ソ連は寒さに強い国らしく、ボストーク基地や到達不能極基地など、内陸に三つの基地を有して観測や調査を実施した。その結果、南極大陸の南極氷原では標高が四〇〇〇メートルを超え、氷の厚さも平均で二〇〇〇メートル、厚いところでは四〇〇〇メートルを超えるなど、南極大陸を覆っていた厚いベールが次第にはがされていった。

ＩＧＹでは各国が協調して大きな成果が得られた。この成果はアメリカを中心に西側諸国とソ連を中心とする東側諸国が相対立する冷戦中にもかかわらず、南極での対立はなく平和が続いた結果である。各国の科学者たちは地球相手の研究に、平和がいかに重要であるかを認識させられた。その結果、科学者たちの熱望で外交官が動き、アメリカは南極の平和利用を目的とした条約を結ぶことを、南極観測に参加していた十一カ国に提案した。

条約の討議が十二カ国の外交官たちによって重ねられた結果、一九五九年十二月一日、「南極条約」が各国代表によって署名された。各国政府の批准を受けて、一九六一年六月二十三日から、三十年間の期限付きで発効した。条約の骨子は次のとおりである。

一、南極地域は平和的目的にのみ利用する。いかなる軍事的利用も認めない。
二、IGYで実現した、南極地域における科学調査の自由、そのための国際協力は継続する。
三、科学的調査についての国際協力を推進するため、計画についての情報の交換と、科学者とデータの交換を推進する。
四、すべての領土主権や領土請求権を条約の期間中は凍結する。
五、南極大陸における原水爆実験や核物質の廃棄を禁止する。
六、条約加盟国は自由に他国の基地を査察できる。

南極条約は十二ヵ国によって締結されたが、二〇一五年現在五十二ヵ国が加盟している。なお南極条約では南緯六〇度以南を南極としている。

南極条約を実りあるものにし、継続していくため、条約に加盟している国々の中で南極観測を実施している国が中心になって「南極条約協議国会議」を定期的に開いて、南極で発生する諸問題に対処している。

南極では一九七〇年代から地下資源や鉱物資源が注目されていた。また伝統的にアザラシの狩猟にも関心がもたれていた。南極海では観光船が大規模な油流出事故を起こした。観光客も増加している。

このような時代背景から南極を包括的に保護し守るために「環境保護に関する南極条約議定書」が一九九一年に採択された。各国の国内法の整備を経て一九九八年一月十四日に発効した。議定書には次の五つの付属書がある。

一、環境影響評価
二、南極の動物相および植物相の保存
三、廃棄物の処分および廃棄物の管理
四、海洋汚染の防止
五、特定地区の保護及び管理

その結果日本の観測隊もその活動すべてを詳細な確認申請書に記載し、環境省に提出し、「南極地域活動行為者証」を受けなければならなくなった。

日本隊はこの法律に従い、昭和基地にゴミや汚水の処理施設を整備するとともに、長い間放置してあった不燃の廃棄物を日本に持ち帰るようになった。

議定書の発効で、南極での鉱物資源の探査開発も五十年間は禁止された。また一九九一年には南極条約は発効から三十年が過ぎた。しかし、加盟しているどの国からも、問題が提起されず、そのまま継続されることになり、現在も続いている。

南極にあるどの基地を訪れても、何の違和感もなく歓迎され、また互いの研究に協力体制がとれたのは、まさに南極条約のおかげであった。日本がどの国とも戦争していないので、いつでも安心して観測船に乗れる。南極での科学活動が平和のおかげで成り立っていることを改めて実感する昨今である。

中高生南極北極科学コンテスト

極地研究所は若い世代に極地や自然科学へ興味を持たせる目的で、二〇〇四年から「中高生南極北極科学フォーラム」というプログラムを始めた。その内容はまず中高生に南極や北極で実施してみたい実験や観測、研究のアイディアを応募してもらう。応募されたアイディアから、優秀と判断されたテーマを選び、南極の場合は昭和基地で観測隊員が、北極の場合はスバールバル諸島のスピッツベルゲン島ニーオルスンにある極地研究所の観測施設に行く研究者に託し、実際に試し、その結果を提案者（校）に報告する。このプログラムは二〇〇九年から「中高生南極北極科学コンテスト」と名称を変えて、現在も継続されている。

第五回目の二〇〇八年には合計三十校から四十九件の応募があった。第十一回目の二〇一四年には三十三校から三百七十二件の応募があった。応募件数は三桁に増えたが、参加校の数はほとんど同じである。このプログラムに関心を持った教師が、生徒たちに応募を勧めた結果であろう。一つの学校から数十から百件を超す応募があった。おそらく教師が授業の中でコンテストを紹介し、考えさせ、その結果応募させたのであろう。授業の中で取り上げられるのは好ましいが、同じ学校からの応募があまりに多いと粗製乱造の感があり、参加するだけで意義があるとは思えない。

気になるのは参加校の数がほとんど増えていないことである。極地研究所の広報の仕方に原因があるのかもしれないが、現場教師の極地科学への関心の薄さを示している数字だと考える。各都道府県から少なくとも一～二校ぐらいの応募があって欲しい。

もう一つの懸念は応募者の勉強態度である。最初のころは、どの応募者も参考文献を記していた。そしてその参考文献の中には拙著『南極情報一〇一』(前出)を、多くの生徒が入れていた。現在も図書事情は同じであるが、中高生向きの極地科学に関する図書はあまりない。そんな環境でもまず南極、あるいは極地に関する本を読み、基礎知識を増やしてから問題を考えるという姿勢が応募された提案書からは伝わってきていた。

ところが現在は極地の知識はほとんどなく、思いつきで提案をまとめ応募したとしか思えない提案が多い。もちろん教師の指導方法にもよるが、このような浅薄さは、結局は日本の教育現場の実情を反映しているのだろう。

昭和基地開設五十周年で南極に識者を派遣したり、南極観測隊に教師を派遣するプログラムが始まっても、コンテストに関しては、その効果が表れているとは思えない。これから少しずつでも参加校が増えれば、教師派遣プログラムの効果の一つと考えてよいであろう。

第十一回コンテストの優秀賞・南極科学賞（昭和基地で観測）には千葉県立佐原高校の生徒からの応募で『空の色と天気・気温・季節の関係』が選ばれた。

その理由は「空が澄んできれいな極地で、天気・気温・季節の変化によって空の色はどのように変化するかという提案で、空の色と天気を関連付ける発想がユニークである。通常の気象観測の数字に表れない空の色を、数値データと比較して議論しようとする点が評価された」（「第十一回入賞提案集」より、二〇一四）とある。

受賞者たちは二〇一四年十一月に極地研究所で開催された「南極北極ジュニアフォーラム二〇一四」で表彰されるとともに、それぞれのテーマについてポスターで発表した。また採択されたテーマは二〇一五年の越冬中、五十六次隊で観測・実験などが実施されている。

また同フォーラムでは五十五次隊が実施した第十回コンテストのテーマの実験結果

の報告がなされた。

このような努力の積み重ねで、国内の科学離れが少しでも、解消され、極地に興味を持つ生徒や学生が増えることが望まれる。

すでに述べたように教師派遣プログラムで昭和基地を訪れた教師たちが、単なる彼らの南極観光でなく、児童や生徒に、本当に極地を知らせたいという意欲があるなら、コンテストも広く紹介すべきである。現状は派遣教師が努力している姿も読み取れない。結局教師も南極にいるときだけ南極の授業をしても、帰国後は関心が薄れるのかもしれない。南極にいて自然の中に身を置いたはずなのに、物見遊山気分が抜けず、自然が教えてくれる多くのことが身に付かなかったのだろう。

高校生・青年を南極へ

一九六〇年代から七〇年代に南極観測隊にあこがれた人びとはかなりの数いた。一九九〇年代になると南極観測隊に参加する人を探すのに、苦労する時代になってきた。その一つの理由は当時はまだ観測隊員は国家公務員の身分であったので、その定員枠に限りがあり、国家公務員が希望する場合には、どんな職種でも行きやすかったが、民間人や大学院生などは、まずどこかで国家公務員に採用されないと行くことができなかったことである。

現在では、南極観測も広く門戸が開放され、学生の身分のままでも、南極に行くことが可能になった。しかし、南極観測は必ずしも歓迎される職ではないらしい。自然が厳しく、危険が伴い、仕事はきついというのがその一般的な評価のようだ。

しかし、すでに述べてきたように、南極は厳しい自然環境だからこそ、そこに身を置けば得るものも大きい。だから若い人に門戸を開放すべきと、私は主張し続けている。以下の文は『朝日新聞』の「私の視点」という欄への『南極観測　高校生を送ってみては』というタイトルの投稿である。

「南極観測が五〇年を迎え、新聞紙上にも懐かしい写真が再登場した。半世紀前には、子供たちが新聞社の呼びかけに応じ、小遣いを節約して五円、十円を寄付した。第二次大戦の復興途上の日本ではあったが、政財官民がこぞって観測隊を送り出すことに協力した。その熱気が今はない。

世論を喚起するためか去る一月、国立極地研究所の招待で識者三人が空路、昭和基地へと飛んだ。日本から昭和基地を往復して二～三週間という記録は、我が国の南極観測史上初めてで、年一回の南極観測船での輸送形態が新時代を迎えつつあることは、歓迎すべき点である。しかし、せっかく極地にまで行った彼らの発信に私は失望した。南極の領土問題についての発言に事実誤認があったり、帰国後のコメントも南極に足を踏み入れたことのある人々が折にふれ主張していた内容の域をでていなかったりしたからである。この企画の立案者は世の中への大きなインパクトを期待したのだろうが、新しさに欠ける情報だけで目的は達せたのか。

今回のように昭和基地往復二〜三週間の旅が可能なら、高校生を派遣して欲しかった。私は二十年以上も前から『二十一世紀になったら日本は南極を青少年の訓練の場として活用すべし』と主張してきた。日本では経験できない大自然に身を置くことで、大きな成長が期待できるからである。

私の知る限り、南半球の国ニュージーランドでは地の利を生かし、一九七〇年代にはすでにボーイスカウトの子供たちを一週間ほどスコット基地に滞在させるプログラムがあった。全米科学財団は八〇年代から、毎年数組の高校生と教師のペアを、マクマード基地に滞在させていた。

極地研究所は日本学術会議との共催で、〇七〜〇八年の国際極年をアピールする目的で、『中学生・高校生の提案を南極北極へ』コンテストを〇四年から実施している。例えばこのようなコンテストで優秀な成績の生徒数人を南極に連れて行き、可能なら本人たちが提案した実験を試みさせるのである。そんな事業が継続されれば理想的ではないか。

南極に行った高校生たちの中から、将来、自然を知る国際人や科学者が生まれるだろう。陳腐な大人の意見より、同世代から発せられる情報こそ、若者たちに大きなインパクトを与えるのは必定である」(『朝日新聞』二〇〇七年三月三日)。

ニュージーランドは小学生から南極に関する教育をしている。南半球にあるという地理的優位性から、南極に行くのも日本で北海道から沖縄に行く、あるいはその逆程度の感覚で行ける。夏には定期便もあるので一週間から十日で十分南極を往復できる。アメリカからニュージーランドまでは十数時間の旅程だが、そこから定期便に乗れば五〜八時間でマクマード基地に到着する。やはり二週間程度の旅行で南極を経験させることができる。

日本の場合はやはり移動が問題になるだろう。高校生だけのために航空路を利用することは不可能なことは明らかだ。観測船で行く場合はどうだろうか。日本からの出発が十一月下旬、帰国が三月下旬の約四カ月間である。年末年始の休みを考慮しても八十〜九十日程度は学校を休むことになる。各教育委員会はこの長期間の学校離脱をどう評価するのだろうか。

日本では義務教育でも、高校の授業でも、極地や南極があまり教えられていないようだ。そんな現実を見ると、昭和基地への高校生の派遣はなかなか実現しそうもない。しかし、昭和基地も還暦を迎える。そろそろ新しい視野を持つ人たちが訪れてもよいのではないか。理科離れが心配される今日、地球的視野を持った子供たちを育てるためにも、高校生の南極への派遣を主張する。

「昭和基地を青少年の訓練の場へ」という私の主張は、高校生の派遣を考えた遙か前からのものである。南極観測には観測分野の隊員のほかに、基地を支える設営部門がある。発電機、雪上車などを保守するエンジニア、越冬隊員の食事を毎日調理するシェフなど、多くの分野の人が設営部門で越冬している。職業学校で訓練を受けた人びとの中から希望者を募り、毎年何人かの若者を越冬させたらどうかという提案である。もちろん彼らの技術は未熟ではあろう。しかし、越冬隊の先輩たちが十分にカバーできる体制は構築できるだろう。南極ではとにかくすべてを自分たちでやらねばならない。どんな困難も自分たちで克服しなければ、命にもかかわるところである。そんな環境に置かれた若者の一年間の成長は楽しみである。

還暦を迎える昭和基地に、そろそろ十代の若い世代も迎え入れたらどうだろうか。

第七章　科学の世界から神の世界へ

既知から未知の発見

南極での隕石の発見は予期せぬ、まったくの偶然からだった。隕石は地球上のどこにでも同じように落下するとは考えられていた。だから南極に隕石が落下しても不思議はないが、落ちた隕石は氷床の中に沈んでしまうと考えられていたのだろう。「だろう」と書いたのは、少なくとも南極で隕石探査を始めたのは日本隊であり、それまでは南極で隕石を探そうなどと考えた人はいなかった。

南極の青氷地帯、別名は裸氷帯、積雪がないのでこのように呼ばれているが、隕石が発見されて以来、ようやくその形成メカニズムが考え出されたようだ。南極氷床は中央の内陸氷原から沿岸に向かって流れている。沿岸に達した氷床は氷崖を形成し、崩落し、また氷山になって流れ出し、消滅してゆく。従って氷床に沈んだ隕石は海の底へと消えるはずだ。

ところが沿岸に流れ下る氷床をせき止めるような形で山脈が横たわる地域がある。そのような地域では、内陸から流れてきた氷床が、山の斜面にせり上がるようになる。せり上がった氷床は、表面が風によって削られ、そこの積もった雪も吹き飛ばされて氷が剝き出しとなり、青氷地帯となる。表面の氷が削られ消耗するので、氷床に深く沈んでいた隕石が徐々に上昇し、やがて氷床表面に表れる。このようなメカニズムで青氷地帯に隕石が集中することが分かってきた。(図参照)

地球上にランダムに落ちた隕石だが、山脈の氷床せき止め効果によって、隕石集積地帯が出現したのである。昭和基地の南南西三〇〇キロに横たわるやまと山脈も、この氷床をせき止める山脈で、南極有数の裸氷帯が形成されていた。従って氷床の流れの上流にあたる西側から南側の裸氷帯が隕石の集積帯で、すでに述べたように、そこで採取された隕石が「やまと隕石」と総称されている。

隕石の集積メカニズムが上述の通りだとすれば、一度隕石を採取しつくした裸氷帯でも、一定の時間が経過すれば、再び隕石が湧き出してくるはずだ。実際日本隊は十五次隊、十六次隊で隕石を採取した地域に、十年、二十年の時間を空けて再びその地を訪れ、それぞれ数百個の隕石を採取し、集積モデルの正しいことを証明した。そして二十～三十年という短い時間の間に、日本は世界でも一、二を競う隕石保有国になった。

ここまでは調査・探査の積み重ねから得られた結果で、長年にわたる関係者の忍耐と努力は認めるものの、当然の結果である。問題は集めた隕石からどのような新しい研究成果が出てくるかである。南極隕石の特徴は落下してすぐ氷漬けになり、地球上での汚染が進んでいないことである。そんな隕石が数多くあるのだから、それを研究することにより、より大きな発見を期待したくなる。

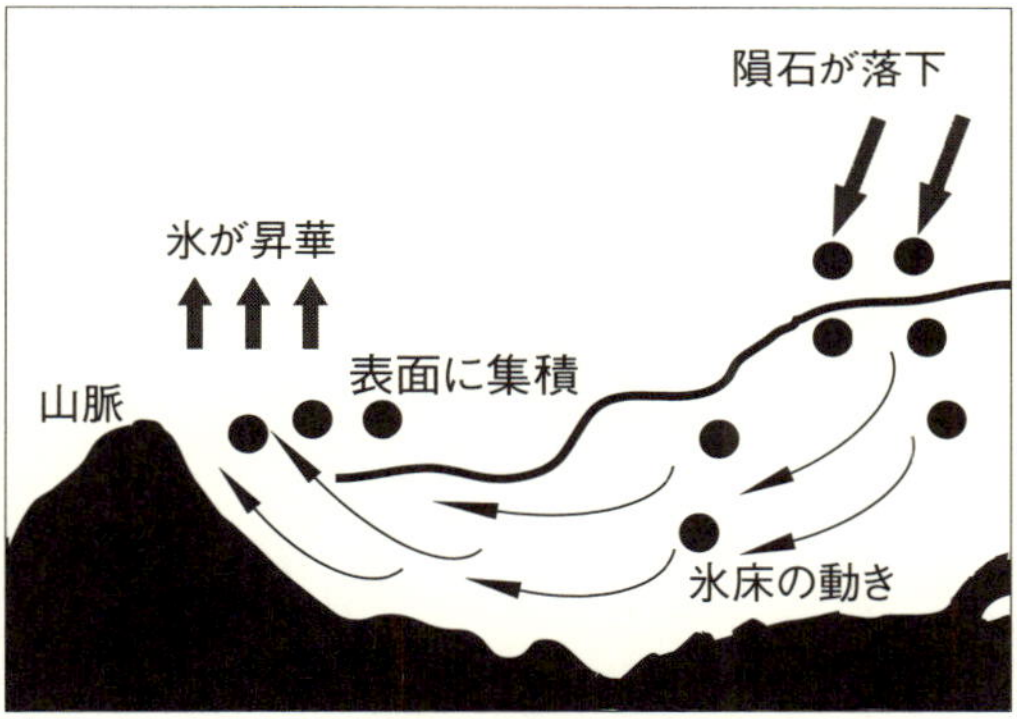

南極隕石が集積されるしくみ

極地研究所が保有する南極隕石が研究に使えないという不満を、物理学的な手法で隕石を研究している友人から聞いた。一九八〇年代のことだった。南極隕石の配分に関しては、すでに極地研究所内に隕石配分委員会が組織されており、国内ばかりでなく、外国の研究者にも門戸を開き、研究申請書を受け付け、検討し、採否を決めていた。研究が採用されれば、要求された隕石試料が渡されることになっていた。私もこの組織づくりを担い、軌道に乗ったと安心していたが、そのルールの一部が必ずしも機能していなかった。さっそくなるべく早く隕石試料が、希望する研究者に届くように対処したが、その背景には採収者たちの隕石に対する思いがあった。

南極隕石が発見されて以来、日本の研究者たちから「研究に使いたいから是非隕石試料を欲しい」と多くの要望が出された。隕石を配分してもらった研究者が、その試料を使った研究の論文を発表する場合、極地研究所の担当者（採収者）の名前も共著者に加えるのが、一般的だった。私自身は自分たちが観測したデータでも、公開後はどの研究者も自由に使ってもらっていたので「研究試料を採取したからといって、内容には関与しないで論文に名を連ねるのはおかしい」と言い続けていた。ただ試料という「モノ」を扱う研究者にとっては、いくら国家事業の南極観測でも、自分が苦労して探したモノだからと「試料を私物化」する傾向はあった。反面、試料を分けてもらう方は、入手してしまうと、現場の苦労に敬意を払ったり、感謝したりすることなく、あたかも「自分の試料」のごとき使い方をする人もいた。

そんな背景があり、せっかく多くの人材と予算を投入して南極で採取された隕石試料が、必ずしも研究者の手元に届いていないことがあったのは事実である。その後、隕石配分委員会を設置し、そこでも検討を重ね、内外の多くの研究者になるべく公平に配分できるようになった。

一九九〇年代のことだったと記憶している。アメリカの研究者が「火星起源の隕石から、生命の痕跡を発見した」と公表した。世界中をかけ巡ったこのニュースを、各メディアはトップで報道した。しかし、「世紀の大発見」と報道はされたが、その研究成果が火星に生命が存在したという証拠にはならないことが分かり、否定された。

研究者の中には功名心から自身の研究を大々的に公表したがる人がいる。そうすることが研究費の獲得につながる面も否定できない。日本でも地震研究者の中には大地震を予知、予測したとメディアに大きく報じられた、あるいは報じるように仕向けた例は少なくない。どの例も報道されたような地震が起こった例はない。四十年近く前から富士山が噴火すると発表し、テレビや著書で宣伝している研究者がいるが、一向に噴火する気配はない。二〇一四年、ＳＴＡＰ細胞が世間を騒がせた。予算獲得目的の記者会見による発表だったようだが、シンデレラガールはガラスの靴を履き損ねた。これらはいずれも研究者の名誉欲や功名心の問題といわざるを得ない。

これから日本の隕石研究者たちに期待したいのは、メディアのトップニュースとして取り上げられるようなことに拘泥することなく、真に斬新な研究を世に送り出して欲しいと願う。「隕石は天地創造の謎を秘めている物質」だから探査が必要だと主張して、南極で隕石探査を継続して四十年以上が経過した。隕石の数を増やすことも重要であるが、そろそろ所期の目的に近づく研究成果を期待したい。そのことが本当に「未知の分野」なのだ。

氷床掘削についても同じような期待がある。ドームふじ基地での三〇〇〇メートルを超える氷床コアの採取に成功し、七十二万年前までの地球上の気候変動が解明できる試料と期待されている。その試料（氷床コア）を使った次の段階の研究にはどんな成果が期待できるのだろうか。

研究グループは次の研究目的として、新しい基地を設け、さらに深い氷床コアの採取をめざしている。これまで採取されている氷床コアの解析から七十二万年前までの地球上の気候変動が得られるであろう。そしてさらに深く掘れれば、より古い時代までの気候変動が得られることは確実である。関係者はそれだけで満足するのではと心配している。より深いところで得られた氷床コアの中に新しい知見が含まれることはあるだろうが、それはほとんど既知の事実の延長上にある事象に過ぎない。

一つの掘削孔の氷床コアから得られる七十二万年前までの気候変動は、その付近の変動を示しているだけである。もちろん気候変動はローカルな現象ではないから、得られた気候変動は全地球的な変動と考えてよいという意見が出てこよう。それならそれを証明して欲しい。

南極大陸上では浅層、中層、深層とこれまで数多くの掘削による氷床コアが存在しているのだから、ドームふじ基地の氷床コアを中心に、南極全体の気候分布図が作成できないのだろうか。一万年前、五万年前、十万年前さらには三十万年前、五十万年前など南極全体の温度、二酸化炭素などの分布図が作成できれば、研究面でもこれまでより、未知の分野に踏み込むことになり、大きな展開をすることになろう。

南極ばかりでなく、どこの地域でも、またどんな分野でも観測や調査を積み重ねれば、一定の成果が出てくるのは当然である。特に南極の場合、自然条件が厳しいので、目的とする観測や調査を達成されると、それで満足する傾向がある。担当者はなんとなく新しい発見をした気分になるようだが、ほとんどは既存の殻の中の発見である。その当然の殻を破って一歩前進することが、未知の分野を開くことになるのだが、日本隊の各分野とも、南極研究ではこの殻が破られているとは思えない。

研究者の仕事の一つが研究の成果を論文にして発表することである。最近は研究成果の公表には電子媒体も多用されているが、二〇世紀は専門雑誌へ投稿することが主流であった。私は院生時代を含め四十年間に二百編を超す論文をレフェリー（査読）制度のある研究誌に発表した。平均年五編の論文を発表したことになる。玉石混淆といいたいが、石の方がはるかに多い内容だったかもしれないが、とにかく研究したことは記録に残した。なかにはメディアの関心を呼んだ論文もあった。南極に同行した記者が私の「南極でも地震が発生しているようだ」という話に興味を持ち続け、時々取材に来ていた。そんな経過があり南極大陸上に震源決定された地震があることを発表し、論文にしたときは、すぐ報道してくれた。だが、その後この種の研究はより発展させることができたが、メディアの関心は呼ばなかった。

近年は論文に少しでも関係した研究者・技術者のほとんどを共著者として名前を連ねる分野もあるようだが、私の二百編は個人か、共著者がいても合計の執筆者は四名以下にしていた。著者はその論文の内容に責任を持つべきである。十名、二十名の名を連ねた論文で、著者全員が相応の責任を持っているとは思えない。

大きなプロジェクトの場合、参加者にはなるべく担当した分野を個別に論文として発表してもらい、最終的にはそれらを参考文献にあげながら、まとめの論文を公表した。従って最終論文も著者全員が内容を理解しており説明できるし、責任も持てた。

論文を書くとき、私は百点満点をめざさなかった。レフェリー制度があるので、それをクリアしなければならないが、合格点ギリギリでも成果をすぐ論文にして公表するよう心掛けた。

百点満点をめざすと最終段階での研究は胸突き八丁になり、時間もかかる。その一歩手前で論文として発表してしまう。これを重ねると、気がつけば数年後には胸突き八丁も楽に超えた論文が発表できていた。この私の六十点、七十点、八十点方式に賛同していた研究者も少なくない。

観測・調査などで既知となっている事象の研究を積み重ねることにより、未知の世界が開かれていく。天才の伝記や逸話の中には、未知の分野の開拓は、突然のヒラメキによって達成されたとする話が多い。しかし、そのヒラメキは既知の分野の事象を常に考える積み重ねから出てくるものだろうと信じている。

科学の限界を知る

一九七〇年代、中東のどこかの国の王様が、自国の水不足を解消するため、南極海の氷山を、赤道を越えて運ぶことを計画した。相談を受けた科学者たちは、どのような討論を重ねたのか知らないが、氷山を運ぶことは可能と判断し、公表したらしい。ある大きさ以上の氷山の表面をシートで覆い数隻のタッグボートで押すことにより可能だとの結論だった。この話を聞いたとき、私は即座に不可能と思った。

「氷山の一角」という言葉があるが、氷山を形成する氷塊には陸上にあるときから無数の亀裂が入っている。クレバスである。教科書には「氷の密度は〇・九だから、海上に一〇メートル出ている氷山の海中部分は九〇メートル」などと説明されるが、実際の氷山の密度は〇・六〜〇・七と見積もられ、純水の氷よりスカスカの氷塊である。

巨大な氷山の大きさは長さ一〇〇キロ、幅五〇キロ、日本の愛知県ほどの面積の氷山も珍しくない。大きいものだとその三倍の面積を有し、岩手県の面積に相当する氷山の出現も確認されている。それほど巨大でなくとも、数キロ四方の氷山を、赤道を越えて、そのまま海を運べるなら、全体が少しずつとけて体積が半分になっても北半球まで運ぶことは、何とか可能であろう。しかし、大きな氷山もスカスカで割れやすい。波にもまれ短い時間で割れて大きな破片になってしまう。そうなればとける速さは加速し、とても北半球までは運べない。この氷山を中東に運ぶ話はいつしか聞かなくなった。地球という大自然の中で、人間の科学技術が通用しない一つの例である。

第五章で述べたように、南極では人知の及ばないことに直面するのは日常茶飯事である。しかし同じようなことは地球上の至るところでいつでも起こっている。

放射能を人間がコントロールできないことは分かっていた。しかし、人間は原子力発電を文明の利器と称して使い出した。その恩恵を静かに受けているうちはよかった。いくつかの原子力発電所で事故が発生すると、もう人間の手には負えなくなった。原子炉は廃炉になっても、その後何十年もの長い間、人間はそこから出る放射能の恐怖にさらされることになる。残念ながら人類は科学技術の進歩発展の美名のもと、神の世界にまで踏み込んでしまったのである。

日本国内でも進歩した医療技術によって、ガンも不治の病ではないという。脳や心臓へ細いチューブを挿入して患部を治療するカテーテル手術は驚嘆に値する技術であるし、人工肛門、人工膀胱で生活している人も少なくない。

私は膀胱ガンを発症し、手術を三回受けた。手術後治療を受けても、その再発率は六〇パーセントという。このガンが他の臓器に転移したら余命半年、膀胱ガンの除去手術を繰り返すと、やがて手術はできなくなり、人工膀胱（ストマー）にならざるを得ないという医師の説明であった。すべてを理解して感じたことは、医療技術は進歩してはいても、医学そのものには未知の部分はまだまだ多いということである。

例えば再発症率六〇パーセントといっても、再発の有無のカギを握っているのは何かは分かっていないらしい。すべては自然を支配している神様の「思し召し」なのか「サイコロの振り方」なのか、とにかく神様次第ということのようだ。抗ガン剤が有効なガン、全く効果のないガンなど、未知の領域は大きい。また抗ガン剤はたしかにガンには効果があるが、副作用も大きく、そのプラス、マイナスの判断も難しい。ワクチンが効くガン、効かないガンも同様である。

医師に見放されたガン患者がすがり付いた民間のサプリメントで完治したという話も少なくない。本人たちの思い込みもあるかもしれないが、そのガンにサプリメントの効果があったことも確かであろう。ワクチンについても同様である。要は医学にも未解明の領域がまだたくさんあるのだ。西洋医学によって育てられた医師の中には、民間療法やサプリメントを完全に否定してしまう人もいるようだが、現在はまだ「神のみぞ知る」治療法がずいぶんあるのだろうと思う。

ガン治療ばかりではない。ウイルスとは人類が研究してきた生物学とは別世界の生命現象であるという。その視点で見れば、ウイルスに関してはほとんど解明が進んでいないらしい。従って新しい、あるいはほとんど知られていなかったウイルスに侵された病気に対し、現代の医学や科学でも対応しきれないでいるのが現実である。

一九六〇年代、日本では国家事業として地震予知研究が始まった。そのころ、地震学者の中には、地震現象はランダム現象だから本質的には地震は予知できないと主張する人がいた。この主張に対し、私は地震は断層（現在は活断層）面上で発生するので、完全なランダム現象ではなく、その発生の時間や場所を限りなく狭めれば、地震は予知できるだろうと考えていた。

そのころから三十年が過ぎた一九九五年に兵庫県南部地震（阪神淡路大震災）が発生した。兵庫県南部の地域については地震予知研究者たちは将来大地震が発生する可能性のある地域と考えていたが、当時の予知研究の対象は東海地震とその周辺地域の地震であった。従って兵庫県南部地震の発生は研究対象の枠外であったのだが、メディアは予知ができなかった地震研究者たちを厳しく批判した。以来、地震予知への批判が高まり、予知不可能論が台頭してきている。その後予知研究は必要と認められてはいても、かなり後退した体制を強いられている。

予知事業が発足して五十年が経過した今日、私も予知が可能な地震も皆無ではないが、一般的には非常に難しいと考えるようになった。いつ大地震が発生するか、つまりいつ活断層が動くか、その時間を少なくとも数日前、数週間前、数カ月前に予測することは限りなく難しい。活断層が動くというような地球規模の現象の予測では五十年、百年は誤差のうちである。

五十年、百年は地球の寿命から考えればほんの一瞬である。しかし、地球の寿命を百億年とすれば、人間の寿命はその一億分の一程度の百年であるから、五十年、百年は、半生、一生に相当する。

「明日大地震が発生する」と予知情報を出して、百年後に起こっても、人間にとっては全く無意味な情報で、役に立たない予測であるが、地球の寿命のタイムスケールではほんの一瞬の時間で、誤りではない。地震学がこのギャップを埋めるのは不可能ではないかと考える。まさに大地震の引き金がいつ引かれるかは、自然の神様次第である。

人間も自然の一部

「自然は人間が征服する対象」と考えたのは一七世紀のフランスの哲学者デカルトだった。その考え方を中心に欧米では自然科学や科学技術が大幅に進歩していった。二〇世紀には人類はついに地球の重力圏を脱して、月にまで到達した。二〇一五年には太陽系の外側、準惑星の冥王星にアメリカが打ち上げた惑星探査機が到達し、一万二五〇〇キロの距離から撮影した写真を送ってきた。その写真から富士山と同じ程度の高さの山があることが分かった。冥王星までの距離は太陽までの距離の三十倍、四八億キロ、探査機打ち上げから到達まで九年を要した。探査機から地球へのデータ通信に四時間半も要する距離である。

医学の進歩は目覚ましく、多くの伝染病が克服され、人間の平均寿命は延び続けている。人類のあらゆる分野での日進月歩は、今後も限りなく続くであろう。しかし、人類の中には進歩する科学技術に対する反省の念も出始めている。

産業革命以来続いている地球上の二酸化炭素の増加は温暖化を引き起こし、環境の悪化を招きつつあることを、人類はようやく悟り始めたようだ。地球は宇宙空間に浮かぶ小さな水の惑星で「有限である」ことにも、思いをはせる人が出てきている。

ひところ日本では「地球に優しく」という言葉が流行した。地球環境を汚さないようにしようということである。しかしこれこそ人間の傲慢さを表している言葉である。人間がいくら地球を汚そうと、地球は静かに太陽の周辺を回り続けている。地球が汚れて困るのはその表面で生活している人間を始めとする生命体である。

第三の火として脚光を浴びて登場した原子力は、人間が考えたようにはコントロールできなくなることも、人類は実感し始めたようだ。南極ではマクマード基地にも一九六〇年代に原子力発電所が建設された。原子力発電の電池も使われていた。しかし、発電所は一九八〇年までに完全に撤去された。ロス棚氷上の観測点に置かれた原子力発電の電池も現在は使用していないと聞いている。人間生活にとって電力は無くてはならないものになっている。しかし、原子力発電への危機感は増している。

進歩を続ける科学技術への警鐘は科学者ばかりでなく、哲学者や宗教家などいろいろな分野の人たちから出されている。欧米の人々も自然は人間が征服する対象どころか、征服などとてもできない相手であることに、ようやく気がつき始めたようだ。

日本人の精神的な背景は欧米人とは違っている。我々日本人の祖先は、自然を神として崇めてきた。太陽を拝むことはその象徴であろう。初日の出を眺め手を合わせ、高い山や海辺で朝日に歓声を上げ手を合わせる。日本人のごく一般的な行為である。富士山をはじめいくつかの山が御神体になっている神社もある。

太陽崇拝は天照大神に具現化され、神道へと進んだ。六世紀、日本に仏教が伝来すると、国内ではすぐに受け入れられた。明治時代の廃仏毀釈を経ても「神も仏も」違和感なく受け入れられている。その代表が結婚式は神前で、葬式は仏式でという形式を、多くの人が何の疑問も持たないで受け入れていることであろう。信仰心の有無などとは言わなくとも、神社や寺で手を合わせるのは、子供のころから慣れ親しんでいる習慣だから、当然の行為なのだ。

キリスト教というより教会での結婚式が増えているという。これも宗教心の発露の人は少なく、海外でできる、簡素にできる、などの理由による。日本人の多くはどの宗教に対しても深い信仰心は希薄である。

このような日本人の精神的な背景は、漫然とはしているものの自然崇拝の心であろう。「人間は自然の中に生かされている」ことを意識することなく身につけているようだ。自然との共生ではなく、人間は大自然の中のほんの一部を占め、その中で生かされている存在にすぎないのである。

日本の南極観測隊はそのような精神的な背景を持つ集団である。その集団が南極の大自然に身を置くとどうなるか。すでに述べたように、必然的に「自然の大きさ、人間の小ささ」を実感することになる。人間の小ささ、自身の小ささを知れば知るほど、人間は謙虚になる。南極の自然の偉大さ、怖さを知ったら無理をしなくなる。この厳しさを克服しようと考えるより、耐えようとする気持ちになる。

日本隊の六十年になる南極観測の歴史の中で、死亡事故は四次隊の福島伸隊員の遭難死一件だけである。もちろん、各隊とも越冬中に何回かは危険な場面に遭遇している。海氷上を走行中の雪上車が海に落ちたり、クレバスに落ちる事故も起こっているが、幸いなことに死亡事故には至っていない。これは遭難事故を教訓に安全対策が重ねられていることが最大の原因ではあろう。しかし、その安全対策教育を受ける一人一人が、程度の差はあってもそれぞれの流儀で、自然に対し謙虚に振る舞う心を持っているからだと考える。

科学技術が進化すればするほど、少しずつではあるが、世界中の人々が人間は自然の中の一部という事実を認識してゆくだろう。

地球生成から四十六億年の歴史の中で、南極大陸は少なくとも数億年前にはゴンドワナの一部として存在していた。その上では恐竜も活動を始めていた。人類がいつ地球上に現われたかはまだ未解明の部分があるようだが、少なくとも二百万年前ごろには、かなり頭脳が発達した人類の祖先が出現していたようである。

日本列島が形成され、人間が住み始めた石器時代、縄文時代を経て弥生時代には、つまり卑弥呼の時代には日本の原型は形成されていた。地震、津波、火山噴火、様々な気象災害と、私たちの祖先は自然の脅威に直面してきた。その脅威にさらされながらも日本人は人口を増やし、発展してきた。そんな中で自然への畏敬の念が芽生え、その心が形成されていったのだろう。

宇宙空間の小さな惑星・地球の上にある自然とはいえ、南極は人類とは比較にならない時間を過ごしてきている。今人間はその中に少し入り、その姿を学ばせてもらっているのである。

すべてが有限の地球の上で、人間は戦争という行為を繰り返してきた。二つの世界大戦を経て、戦争という殺し合いがいかに愚かなことかも十分学習したはずである。しかし、現在でも地球上では戦争が絶えない。有限な地球の上で、戦争は終わることなく続くのだろうか。世界の平和によって南極という大自然の姿を解き明かすことができたことを、再認識し、その大切さを改めて指摘しておく。

あとがき

私は南極を研究対象とした仕事ができたことに感謝している。南極は私に「自然の大きさ」を教え、ひいては己の小ささを自覚させてくれた教師である。

小学生のころから自然科学に興味を持っていた私は、自分が大人になるころには、月には行けるようになるだろう。少なくとも月には必ず行きたいという夢を持っていた。宇宙飛行士が話題になるはるか前の話である。

中学生のころに見た『火星探検』という外国映画では、火星に向かって飛びたったロケット内で、飛行士が顔をひきつらせて、地球の重力圏を脱出する苦しさが描写されていた。宇宙に行くには重力圏を脱出するとき、とても苦しい状況に耐えなければならないということを覚えた。

高校生の時、遊園地の乗り物で重力の二倍の力を体験した。現在「絶叫マシーン」と呼ばれている遊具の先駆けだった。背中方向へ重力の二倍の力を受け立っていたのが寝ている感覚になり、体全体が壁に押し付けられ胃袋が締め付けられた。遊具を降りても身体はふらつき、それから一週間、気分が悪く食欲もなかった。宇宙空間に出て、こんなに気分の悪い状態が続くのではとても仕事はできないと、宇宙に行く夢をあきらめることにした。

宇宙に行けないなら、せめて地球上で「初めて足跡を印す地」へ行くことを考えようと心に決めた。その夢がかなえられそうな機会は、それから十年後に来た。南極観測への誘いである。現在では南極大陸内での各国の調査も進み、日本の南極観測隊の行動範囲も広がり、なかなか人跡未踏の地は無くなってきた。しかし、半世紀前には昭和基地付近でもほとんど人の足跡は無く、未踏の氷原が広がっていた。

宇宙飛行士の公募があったのは、私の小さな夢を実現させた二十年ぐらい後のことだった。年齢制限も越えていたが、何よりも夢が実現できたことで、冒険的な欲求は無くなっていた。

南極の自然に感銘を受けたのは私だけではなかった。観測隊に参加したほとんどの人が大きなインパクトを受けている。ただそのインパクトが人の精神構造を変えるだけ、帰国後も長続きするか否かは、やはり人それぞれである。

南極観光のパンフレットに「南極に行くと人生観が変わる」とあった。それは事実ではあるが、一週間や二週間の旅行では南極の本当の姿を知るのは難しい。しかし、南極滞在中は、それなりのインパクトを受けることは確かであろう。四十年近い長期間、税金を使って南極研究をさせてもらったが、納税者に胸を張れるだけの仕事をしていたのか、現在でも自問を繰り返している。少なくとも誠実に仕事をやってきたことだけは、本書を通じて理解されればと願う。

本書に使用した写真を提供いただいた地震研究所の先輩・唐鎌郁夫氏、極地研究所の伊村智氏、大下和久氏に御礼申し上げる。極地研究所の関充氏からは、新旧多くの情報をいただいた。心から感謝する。

現代書館の菊地泰博社長のご理解で、本書を世に出すことができた。また同社の福田慶太氏には編集作業の中で私の心の奥を引き出す助言を頂いた。併記して感謝する。

神沼克伊（かみぬま・かつただ）

一九三七年生まれ。国立極地研究所ならびに総合研究大学院大学名誉教授。東京大学大学院理学系研究科修了後、東京大学地震研究所に入所し、地震や火山噴火予知の研究に携わる。一九七四年に国立極地研究所に異動、南極研究の第一人者として活躍。南極に「カミヌマクラッグ」「カミヌマブラフ」の二つの地名をもつ。

著書は『地震学者の個人的な地震対策』『旅する南極大陸』『次の首都圏巨大地震を読み解く』（三五館）、『みんなが知りたい南極・北極の疑問50』『日本の火山を科学する』（サイエンス・アイ新書）、『地球環境を映す鏡南極の科学』（講談社ブルーバックス）など多数。

白《しろ》い大陸《たいりく》への挑戦《ちょうせん》

日本南極観測隊の 60 年

2015 年 11 月 15 日 第 1 版第 1 刷発行

著　者　神沼克伊
発行者　菊地泰博
発行所　株式会社 現代書館
〒 102-0072 東京都千代田区飯田橋 3-2-5
電話 03-3221-1321 ／ FAX 03-3262-5906 ／振替 00120-3-83725
http://www.gendaishokan.co.jp/
印刷所　平河工業社（本文）／ 東光印刷所（カバー）
製本所　越後堂製本
装　幀　箕浦 卓

校正協力 : 電算印刷　地図制作 : 曽根田栄夫
 ISBN978-4-7684-5771-9

現代書館

K・オット、M・ゴルケ 編著／滝口清栄 他訳
越境する環境倫理学
環境先進国ドイツの哲学的フロンティア

「絶対的な解」がない環境問題に哲学者はいかに挑んだのか？安易な自然礼賛・文明批判を超えて、希望の根拠を探る哲学者らの挑戦。現在、人間は何を問われているのか。環境の本当の問題点を指摘する。

2700円＋税

村田厚生 著
ヒューマン・エラー学の視点
想定外の罠から脱却するために

原発事故・企業の不祥事・トラブル隠しはなぜ根絶できないのか？現代社会では失敗した時への備えは必須の教養である。ヒューマン・エラー学の第一人者が「失敗とは何か」「失敗とどう付き合うべきか」を豊富な具体例で詳解。

2000円＋税

天笠啓祐 著
この国のミライ図を描こう
原発とグローバリズムが無理なわけ

「3・11」は様々な悲劇をもたらし、様々な問題点をあからさまにした。あの日を境にした今後の日本が進むべき「もう一つの道」とは何か？ 環境問題専門ジャーナリストが民主主義や自然エネルギーなど10のポイントで考える。

1400円＋税

木本協司 著
石炭火力が日本を救う
CO2神話の崩壊

〝原発推進〟の柱といえるCO2温暖化論が虚構科学であることを数学的に実証。地震活動期に入った日本のエネルギー戦略として、経済的で安全な石炭火力へのシフトが最善と結論づける。原発の根幹を揺るがす新たな切り口の書。

2000円＋税

中島 洋 著
サイパン・グアム 光と影の博物誌

観光地で有名な南太平洋の島はいまや国際社会としての成熟をめざしている。アジア各国やアメリカ、ロシアの人々の共生の舞台として太平洋文化圏のビジョンを追求するサイパン、グアムの歴史、文化、民族、自然を語り尽くす。

2200円＋税

フランク・ヴェスターマン 著／下村由一 訳
アララト山 方舟伝説と僕

トルコにあるアララト山は「ノアの方舟」が漂着したという伝説があるが、実は漂着地点は聖書に明記されていない。なぜアララトがその伝説の場となったのか。ユーモア溢れる知的探索。
池澤夏樹氏推薦・読売新聞書評絶賛
2300円＋税

定価は二〇一五年十一月一日現在のものです。